激光光谱仿真与实践

李劲松　著

科学出版社

北京

内 容 简 介

本书将图形化编程语言 LabVIEW 和现代激光光谱技术相结合，系统介绍了 LabVIEW 程序设计的基本概念、程序结构和编程技巧，及其在激光光谱科学研究和工程实践中应用的专门知识，内容分为四大部分，第一部分 LabVIEW 简介，简单介绍了 LabVIEW 发展历史、编程环境和软件安装过程；第二部分 LabVIEW 编程基础篇，介绍了图形化编程语言基础知识、VI 和子 VI 程序结构和编程技巧、人机界面交互设计基本操作过程；第三部分 LabVIEW 编程应用篇，系统介绍了 LabVIEW 在光谱信号仿真和光谱信号处理、滤波算法、数据采集和通讯、数字锁相、PID 控制器设计等方面的应用；第四部分 LabVIEW 科学研究与工程实践篇，主要介绍了 LabVIEW 在激光光谱科学研究和工程实践中的典型应用。

本书内容注重理论和实践相结合，由浅入深，循序渐进，可供光谱学和激光光谱技术相关领域的高等院校教师作为理论课程、实验或实践课程教学参考用书，亦可作为 LabVIEW 初学者的入门材料，以及高等院校光学/光学工程/环境光学、光电信息科学与工程、电子信息、自动化控制、测控技术与仪器、通讯工程等专业研究生和本科生的学习参考用书。

图书在版编目（CIP）数据

激光光谱仿真与实践 / 李劲松著. -- 北京：科学出版社，2025. 5.
ISBN 978-7-03-082095-2

Ⅰ. O433.5

中国国家版本馆 CIP 数据核字第 2025T7S475 号

责任编辑：刘凤娟　杨　探 / 责任校对：彭珍珍
责任印制：张　伟 / 封面设计：无极书装

科学出版社 出版

北京东黄城根北街 16 号
邮政编码：100717
http://www.sciencep.com

北京中科印刷有限公司印刷
科学出版社发行　各地新华书店经销
＊

2025 年 5 月第 一 版　开本：720×1000　1/16
2025 年 5 月第一次印刷　印张：16　1/2
字数：320 000

定价：128.00 元
（如有印装质量问题，我社负责调换）

作 者 简 介

李劲松，男，博士，1979 年 11 月生，安徽合肥人，安徽大学物理与光电工程学院教授（博士生导师，首批"优秀人才计划"英才Ⅲ入选者，安徽大学 2017—2018 年度"三全育人"先进个人），主要从事新型激光光谱与传感技术及应用研究，以及高等教育教学改革和教学研究工作。2008 年毕业于中国科学院合肥物质科学研究院，曾在法国国家科学研究中心设立在兰斯大学的实验室（法国国家科学研究中心）、德国马克斯·普朗克学生化学研究所、瑞士联邦材料科学与技术研究所等国际知名高校和科研院所从事科学研究工作。海外留学期间主持/参与完成了各类国际重大科研项目（法俄科学院合作的"福布斯-土壤"（Phobos-Grunt）号火星探测项目、德国马克斯·普朗克学会和亥姆霍兹联合会资助的高纬度长距离机载大气观察项目、高精度激光雷达探测大气 CO_2 垂直分布项目等）。在国内工作期间主持科技部国家重点研发计划（基于载人潜水器的深海原位多参数化学传感器研制项目）课题 1 项（课题代码：2016YFC0302202）、国家自然科学基金 2 项（项目代码：61675005，41875158），以及安徽省自然科学基金/科技攻关项目（项目代码：1501041136，1508085MF118）等省部级项目和企业委托项目多项。以第一作者/通讯作者在国际顶级期刊 *Analytical Chemistry*、*ACS Sensors*、*Sensors and Actuators B*、*Optics Letters*、*Optics Express* 等其他 SCI 期刊发表学术论文 100 余篇（含一区 TOP 10 余篇，自然指数 2 篇）；封面报道优秀论文 4 篇；获得授权发明专利 10 项，软件著作权 10 项；2020 年—2024 年连续 5 年入选美国斯坦福大学和爱思唯尔（Elsevier）联合发布的全球前 2%顶尖科学家榜单（World's Top 2% Scientists）。教学方面主持安徽省级质量工程项目、国家级大学生创新创业计划项目、科研训练计划项目等教研项目十余项，培养研究生 30 名，其中 2 名博士生分别于 2020 年和 2021 年获得国家留学基金委公派出国奖学金和研究生国家奖学金。

前　　言

　　图形化编程语言和开发环境的 LabVIEW 在日常科学实验和工程实践中被广泛用于数据采集、信号处理分析、仪器控制和自动化测试等。LabVIEW 数据可视化与人机交互提供了丰富的图形化界面设计工具，方便用户设计数据可视化和人机交互操作界面，增强数据操作过程可视化效果。LabVIEW 借助于其直观的图形化界面，允许用户通过拖拽图形块以及连接线的方式快速构建程序，相比于传统脚本编程语言，显著提高了编程的效率，降低了复杂性。LabVIEW 数据采集与分析功能提供 DAQ 助手、VISA、GPIB 和串口等通讯协议和方式，突破仪器商业化限制，实现与科学仪器设备或传感器无缝集成进行实时信号采集、传输、处理分析和存储，可实现物联网系统的实时通讯和远程控制。LabVIEW 信号分析与图像处理函数库，亦提供了大量信号滤波、频谱分析、图像处理分析等功能，广泛用于大气环境、生物医学、航空航天、军事防务、能源等众多领域的科学实验。

　　激光光谱是一种基于每个分子所具有的独特"指纹"光谱特性，实现气体成分的精准识别和定量分析，可用于气体浓度、压力、温度和流速等物理量定点测量或遥感探测，具有高灵敏度、高分辨率、快速响应、抗交叉干扰能力强、非破坏性和无二次污染等特点。现代激光光谱分析技术在大气环境、工业流程优化控制和公共安全监测中可实现数百种痕量有毒/有害/易燃/易爆气体成分的定量分析和定性识别；在生物医学领域，通过非侵入式分析人体口腔呼出气体中的成分，为临床医学开展某些疾病的早期诊断与筛查提供一种新型诊断手段；在高温高压等极端环境中，通过对燃烧流场的温度和气体组分浓度的同时测量，可实现超燃机理解析和燃烧过程的诊断及优化；在深海热液和冷泉的极端环境中，为深入了解地球演化过程和深度开发海底矿产资源，提供一种重要的原位分析技术；在深空探测领域，激光光谱技术为月球和火星探测提供了一种新的精密测量技术手段，为研究天体起源与演化、探索生命起源等开辟了新的途径。

　　全书内容分为四大部分，第一部分 LabVIEW 简介，简单介绍了 LabVIEW 发展历史、编程环境和软件安装过程；第二部分 LabVIEW 编程基础篇，介绍了图形化编程语言基础知识、VI 和子 VI 程序结构和编程技巧、人机界面交互设计基本操作过程；第三部分 LabVIEW 编程应用篇，系统介绍了 LabVIEW 在光谱信号仿真和光谱信号处理、滤波算法、数据采集和通讯、数字锁相（Digital Lock-in）、PID 控制器设计等方面的应用；第四部分 LabVIEW 科学研究与工程实践篇，主要介绍了 LabVIEW 在激光光谱科学研究和工程实践中的典型应用。

感谢激光光谱与传感技术实验室的所有师生，在 LabVIEW 程序代码编写方面给予的积极支持。感谢聂桂菊老师对本书语言文字内容给予的认真校正和润色。时值中华人民共和国成立 75 周年，感谢祖国带来的美好生活。

由于编写水平有限，书中难免存在不妥之处，恳请广大读者批评指正，联系邮箱：ljs0625@126.com。

作　者

于安徽大学

2024 年 10 月 1 日

目　录

第 1 章　LabVIEW 简介

1.1　LabVIEW 发展历史

　　LabVIEW（Laboratory Virtual Instrument Engineering Workbench，实验室虚拟仪器工程平台）是美国国家仪器公司（National Instruments，NI）开发的一种图形化编程语言，以图形控件代替文本行，通过图形控件拖拽式、流程图或框图编程创建应用程序，LabVIEW 是一款面向最终用户的软件工具，内置数千个可用分析函数控件模块，为软件技术人员、科学研究人员、科学家、工程师进行实验研究、模拟设计、嵌入式系统设计和测试并实现仪器系统通讯和控制时，降低了编程的复杂性，可以大大提高工作效率。

　　LabVIEW 的发展历史源于 20 世纪 70 年代末，从美国应用研究实验室形成 VI（Virtual Instrument）概念的雏形，到 1986 年正式在 Macintosh 平台开发出 LabVIEW 1.0 版本；1988 年 LabVIEW 2.0 版本发布；1994 年发布的 LabVIEW 3.0 首次实现了多平台兼容的特性，并开始带有专业附加工具包；1996 年发布的 LabVIEW 4.0 增加了自定义界面和应用生成器功能；1998 年发布的 LabVIEW 5.0 增加了支持多线程功能，推出了实时（Real Time）模块，运行用户将主机上开发的 LabVIEW 代码进行自动编译，实现在硬件对象中实时运行；2000 年—2001 年之间发表了 LabVIEW 6 系列版本集成了因特网和远程控制及事件结构等重要功能；2003 年—2004 年发布的 LabVIEW 7 系列版本又增加了 Express VI 等全新的功能，尤其是 LabVIEW 与 FPGA（Field Programmable Gate Array）技术的完美结合使其得到进一步升华，除 FPGA 之外，LabVIEW 还能够将代码运行到各种其他嵌入式平台中，例如，DSP（Digital Signal Processor）芯片、ARM（Advanced RISC Machine）微控制器等；2005 年发布了 LabVIEW 8.0 版本，直至 2006 年发布的 LabVIEW 8.2 版本作为 20 周年的纪念版，首次推出了中文版本的开发环境，在很大程度上提升了中国用户们的开发效率，LabVIEW 8 系列版本的更新升级一直延续到 2009 年，通过引入面向对象的程序设计概念，使得 LabVIEW 编程语言得到更加完善；自 2010 年 8 月发布 LabVIEW 2010 版本之后，每隔一年发布新版本一次，并以当年年份为版本号，一直延续到 2024 年的最高版本 LabVIEW 2024 版。目前，NI 官方网站可提供自 2009 年至今的数十种 LabVIEW 版本安装程序包，计算机操作系统涵盖 Windows、MacOS 和 Linux 操作系统，版本类型分为专业版、基础版和完整版，应用程序位数分为 32 位和 64 位两种选项。

1.2　LabVIEW 软件安装

LabVIEW 软件安装环境可适用于 Windows、MacOS 和 Linux 计算机操作系统，本书以 Windows 操作系统和 LabVIEW 2014 版本为例简单介绍 LabVIEW 软件的安装过程。首先在 LabVIEW 官网中找到用户计算机系统和硬件配置匹配的 LabVIEW 软件 Setup 程序，并将其下载和保存到计算机中。通过双击启动安装程序，选择中文语言，并按照屏幕的安装步骤提示进行操作，每一步选择必要的安装选项即可，如图 1.1 为 LabVIEW 初始化安装过程提示界面，默认情况下无需任何操作，直接单击"下一步"操作按钮即可。

图 1.1　LabVIEW 初始化安装过程提示界面

然后，进入如图 1.2 所示的 LabVIEW 用户安装信息注册界面，依据个人或单位信息自由选择填写相应内容。

单击"下一步"操作按钮进入图 1.3 所示 LabVIEW 安装路径选择界面，用户可以自定义 LabVIEW 软件安装的目录。通常 LabVIEW 默认的安装路径为计算机 C 盘，用户可以单击"浏览"按钮选择其他安装路径。在此，建议读者安装到 C 盘以外的磁盘，典型的 LabVIEW 软件安装文件需要 1 GB 以上存储容量。

图 1.2　LabVIEW 用户安装信息注册界面

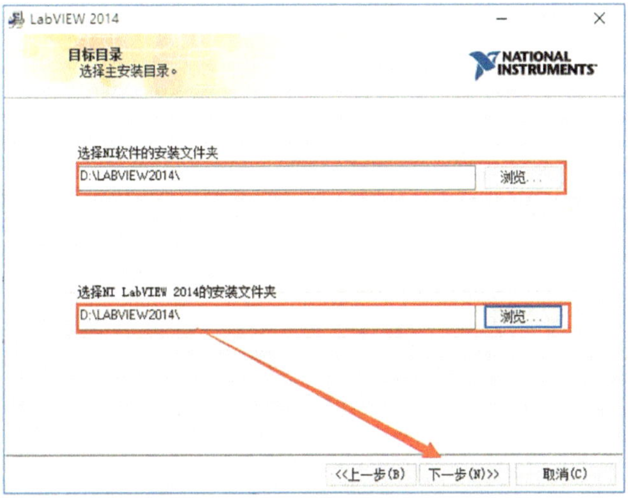

图 1.3　LabVIEW 安装路径选择界面

　　确定安装目录之后，LabVIEW 软件开始执行自动安装过程，整个安装过程需要持续一定的时间，等待软件程序安装完成，会出现如图 1.4 所示的界面，单击"下一步"按钮将弹出"完成"安装提示，则完成 LabVIEW 2014 版软件整个安装过程。

　　程序安装完成之后，需要重新启动计算机并更改计算机配置才能完成安装，因此在使用 LabVIEW 之前需要重新启动计算机。重新启动计算机之后，可在计算机桌面找到软件快捷运行图标"NI LabVIEW 2014（32 位或 64 位，取决于所安装的软件应用程序位数）"，双击即可启动软件，或在计算机左下角"开始"菜单中的"所有程序"中找到"National Instruments"文件夹菜单即可找到"NI

LabVIEW 2014"运行程序图标。运行后,将会出现图 1.5 所示的 LabVIEW 软件初始化界面。

图 1.4 LabVIEW 安装完成界面

图 1.5 LabVIEW 软件初始化界面

LabVIEW 软件初始化界面主要包括"创建项目"和"打开现有文件"左右两个板块。单击"创建项目"按钮,进入如图 1.6 所示的创建项目界面。此界面第一个选项为"项目"模板,以项目方式提供创建项目学习和使用需求,选择单击"项目"模板之后进入如图 1.7 所示的界面,单击"保存"按钮(或按下 Ctrl + S 键)将其保存并命名为"演示项目"。

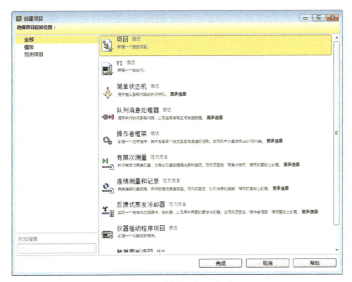

图 1.6 创建项目界面

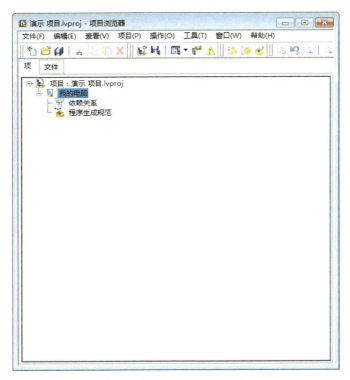

图 1.7 创建"演示项目"界面

创建"演示"项目界面之后，从此窗口界面的左上角"文件"菜单选择第一个"新建 VI"子菜单（或按下 Ctrl+N 键）即可完成一个新的空白 VI 文件的创建，新建的 VI 文件包括后面板程序框图窗口和前面板显示窗口，在后面板程序窗口单击鼠标右键即可弹出各种"程序代码"图标，而在前面板显示窗口单击鼠标右键即可弹出各种"显示控件"图标，如图 1.8 所示。LabVIEW 软件平台创建的前面板和后面板可通过"Ctrl+E 键"快捷方式快速进行切换前后面板的显示方式，更多 LabVIEW 操作快捷键将在本书附录中给予详细的说明。

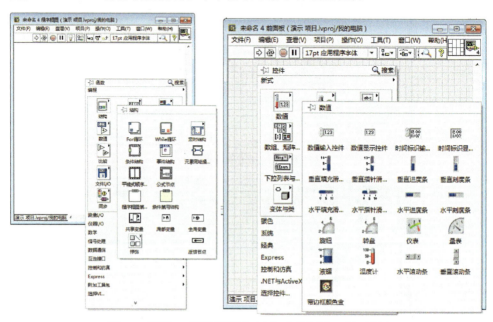

图 1.8　新建 VI 程序后面板（左）和前面板（右）界面

实际上，以上所示创建项目界面第二个选项为直接创建空白"VI"模式，通过选择单击"VI"模板亦可以快速创建一个空白 VI 程序。VI（Virtual Instrument 的缩写）称之为虚拟仪器，通俗地理解就是相当于一个满足一定功能的程序包，通过 LabVIEW 这个平台开发一台虚拟的仪器，在 LabVIEW 平台中通过后面板代码程序和前面板显示按钮相结合的方式实现仪器的功能。以上两种方式都可以实现创建项目 VI 程序进行简单的开发和学习任务，但要实现复杂点的功能，通过创建单个 VI 是不够用的，通常需要选择创建项目的方式进行程序编写。至于创建项目界面中其他的功能，如：简单状态机、队列消息处理器、操作者框架、有限次测量、连续测量和记录、反馈式蒸发冷却器、仪器驱动程序项目、触摸面板项目等高级开发功能，在此不再进行详细介绍，后续相关章节将会适当地展开介绍。

第 2 章　LabVIEW 编程基础篇

LabVIEW 具有多个图形化的操作模板,用于创建和运行程序。操作模板主要分为三类,分别为工具(Tools)模板、控制(Controls)模板和函数(Functions)模板。工具模板提供各种用于创建、修改和调试 VI 程序的工具,用户可以在 Windows 菜单下选择 Show Tools Palette 命令以显示该模板,当从模板内选择任一工具后,鼠标箭头会变成与该工具相应的形状。控制模板位于 LabVIEW 前面板窗口,可以为前面板添加输入控制和输出显示控件等。前面板是 VI 的交互式用户界面,类似实际物理仪器的前面板,包含旋钮、按钮、图形和数字显示等,用于用户输入的其他控件和用于程序输出的指示器。函数模板位于 LabVIEW 后面板窗口,作为创建框图程序的工具。框图程序是 VI 的源代码,由 LabVIEW 的图形化编程语言构成,可执行程序包括低级 VI、内置函数、常量和程序执行控制结构等。用户可以通过简单的连线方式,将合适的对象连接起来定义函数之间的数据流。前面板上的控件对应框图上的终端,数据可以从用户传送到程序并再回传给用户。图标是 VI 的图形化表示形式,当 VI 框图作为其他 VI 的一个对象使用时,此 VI 称为子 VI(Sub VI),类似于脚本编程语言中的子程序。

本章将围绕 LabVIEW 编程语言中的数据类型、程序结构、数组矩阵和簇、图表和图形、Express VI、文件 IO、子 VI、信号仿真等基本函数选板和控件选板模块的功能和特点,开展 LabVIEW 仿真程序设计和工程实践前期的基础知识学习。

2.1　数　据　类　型

类似于其他汇编语言,LabVIEW 程序设计中亦会涉及一些基本的数据操作过程和数据类型,LabVIEW 支持多种数据类型,主要包括数值型、布尔型、字符串型、数组、簇和矩阵、枚举和下拉列表类型等。了解和掌握 LabVIEW 数据类型是进行编程的前提基础,本章将针对一些常用的数据类型进行介绍,为后面的学习奠定基础。

(1)数值型:数值型是 LabVIEW 中一种基本的数据类型,包括浮点型(如单精度浮点型和双精度浮点型)、整数型(如有符号和无符号整数)、复数型等。这些数据类型根据存储位数和数值范围的不同,有不同的具体类型。在 LabVIEW

前面板，右击空白处即可弹出"控件"选板，在"控件"选板中选中"数值"子控件选板，在"数值"子控件选板中可以看到各种数值型数据的输入和输出（显示）控件，如图 2.1 所示。"数值"子控件选板中不同类型的输入和输出控件，如数值、滑动杆、进度条、旋钮、转盘、仪表、量表、液罐、温度计、滚动条以及颜色盒，本质上都是数值型数据，只是外观和形式不同而已。

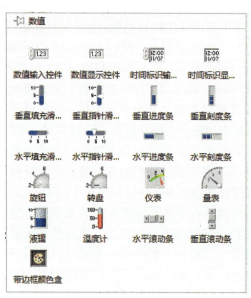

图 2.1　LabVIEW 前面板"控件"选板中"数值"子控件选板

　　（2）除此以外，在 LabVIEW 程序框图的后面板"函数"选板的"数值"子函数选板中，可以看到数值型数据的常数，如数值常量、正无穷大、负无穷大、数学与科学常数以及计算机 Epsilon，如图 2.2 所示。此外，可通过右击前面板中的输入和输出控件在弹出的窗口中选择"查找接线端"选项，快速链接到该控件对应的后面板程序控件。反之，可在后面板程序框图中右击程序控件，亦能快速链接到该控件对应的前面板程序控件。此查找和切换过程亦可以通过在前后面板直接双击实现。

　　LabVIEW 程序设计中，当数值型数据控件选定后，可通过在前面板或后面板右击所选择的数值型控件、控件对象或常数，从弹出的快捷菜单中选择"表示法"选项，在弹出的界面中提供了多种数据精度类型以供数据操作和设定选择，如图 2.3 所示。总体上可分为浮点型、整数型和复数型，各个类型的存储位数和数值范围具体定义如表 2.1 所示。

图 2.2 LabVIEW 后面板"函数"选板中"数值"子函数选板

图 2.3 数值型控件的
精度类型

表 2.1 各种数据精度类型的存储位数和数值范围

图标	类型	存储所占位数	数值范围
EXT	扩展精度浮点型	128	最小正数：6.48e−4966 最大正数：1.19e+4932 最小负数：−4.94e−4966 最大负数：−1.19e+4932
DBL	双精度浮点型	64	最小正数：4.94e−3244 最大正数：1.79e+308 最小负数：−4.94e−324 最大负数：−1.79e+308
SGL	单精度浮点型	32	最小正数：1.40e−45 最大正数：3.40e+38 最小负数：−1.40e−45 最大负数：−3.40e+38
FXP	定点	64 或 72	因用户配置而异
I64	有符号 64 位整型	64	−1e+19～1e+19
I32	有符号长整型	32	−2147483648～2147483647
I16	有符号双字节整型	16	−32768～32767
I8	有符号单字节整型	8	−128～127
U64	无符号 64 位整型	64	0～2e+19
U32	无符号长整型	32	0～4294967295

续表

图标	类型	存储所占位数	数值范围
U16	无符号双字节整型	16	0～65535
U8	无符号单字节整型	8	0～255
CXT	扩展精度浮点复数	256	与扩展精度浮点数相同，实部、虚部均为浮点
CDB	双精度浮点复数	128	与双精度浮点数相同，实部、虚部均为浮点
CSG	单精度浮点复数	64	与单精度浮点数相同，实部、虚部均为浮点

　　数据操作过程中如果需要对数据类型进行编辑和修改，可直接通过在前面板或后面板中右击数值型控件或控件对象，从弹出的快捷菜单中选择最下面的"属性"。弹出的"数值类的属性"对话框如图 2.4 所示。该对话框共包含 7 个属性配置页面，分别为外观、数据类型、数据输入、显示格式、说明信息、数据绑定和快捷键。对话框所包含 7 个属性配置页面的具体功能不再进行详细介绍，可自行通过查看各个属性配置页面的具体参数设置和数据操作进行学习。

图 2.4　数值型控件的"数值类的属性"对话框

　　（3）布尔型：布尔型用于表示真或假、0 或 1 的值，通常用于条件判断和逻辑操作，因而布尔型亦被称为逻辑型。在 LabVIEW 前面板空白处，通过右击空白区即可弹出"控件"选板中"布尔"子控件选板，如图 2.5 所示。布尔型输入（输出）控件中还有布尔常数，同样具有 True 和 False 两个值。在后面板程序框图空

白处右击，在弹出的"函数"选板中选择"布尔"选项，可弹出"布尔"函数子
选板，如图 2.6 所示，其中▣和▣分别为布尔"真常量"和"假常量"。单击布尔
常数，可以快速实现使其在两个值之间切换。同理，可通过右击控件选择属性弹
出"布尔类的属性"对话框对其进行编辑。

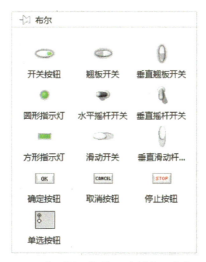

图 2.5 LabVIEW 前面板"控件"选板中"布尔"子控件选板

图 2.6 LabVIEW 后面板"函数"选板中"布尔"函数子选板

（4）字符串型：字符串型用于处理文本数据，可以表示一系列可显示或不可
显示的 ASCII 字符，常用于显示文本消息、控制仪器等。类似以上数值型和布尔
型数据操作过程，通过在前面板和后面板空白区右击，可弹出"字符串与路径"
子选板和"字符串"子函数选板，分别如图 2.7 和图 2.8 所示。其中字符串命令中
的路径控件和函数在后面文件存储和查阅相关章节再进行介绍。

图 2.7　LabVIEW 前面板"控件"选板中"字符串与路径"子选板

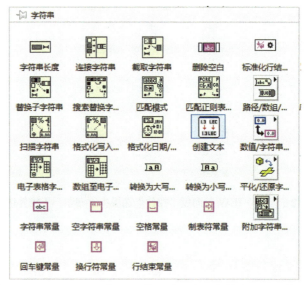

图 2.8　LabVIEW 后面板"函数"选板中"字符串"子函数选板

（5）枚举和下拉列表类型：枚举类型用于定义一组命名的常量，而下拉列表则提供用户从预定义选项中选择可选值。右击前面板空白区，在弹出的控件选板中选择"下拉列表与枚举"选项，在弹出的子选板中可找到枚举类型控件和拉列表类型控件，如图 2.9 所示；而枚举型常量和下拉列表型常量位于后面板程序框图"函数"选板的"数值"子选板中，如图 2.10 所示。

图 2.9　LabVIEW 前面板"控件"选板中"下拉列表与枚举"子选板

图 2.10　LabVIEW 后面板"函数"选板中"数值"子函数选板

（6）时间型。时间型数据：作为一种面向工程应用的编程语言，LabVIEW 提供了非常丰富的时间操作函数，用于输入与输出时间和日期。时间标识控件位于"数值"型控件选板的数值子选板中，相应的常数位于"函数"选板"定时"子选板中，分别如图 2.11 和图 2.12 所示。可通过右击时间标识控件，在弹出的快捷菜单中选择"显示格式"选项，或选择快捷菜单中的"属性"选项，在弹出的"时间标识属性"对话框中选择"显示格式"选项，两种方式都可实现时间型控件的编辑。

图 2.11　LabVIEW 前面板"控件"选板中时间型控件

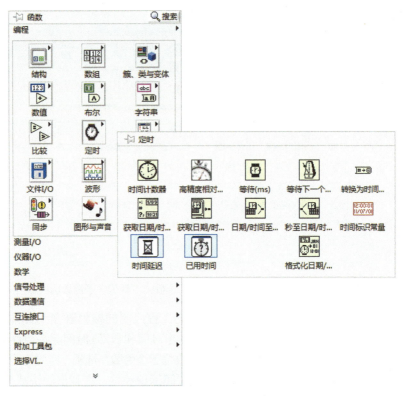

图 2.12   LabVIEW 后面板"函数"选板中"定时"子选板

（7）动态数据类型：LabVIEW 中的动态数据类型主要用于采集、分析、操作以及生成信号的 Express VI，用于传送信号数据。动态数据类型几乎可以视为一个或多个通道的波形数据，允许在图形、图表或数值显示控件上查看动态数据。在 LabVIEW 中，动态数据类型的表示为深蓝色，并且只有 Express VI 能产生和接收动态数据类型。若要使用内置 VI 或函数处理动态数据类型，必须先进行数据类型转换，因为大多数 VI 和函数不直接接收动态数据类型。显示动态数据可能会降低 VI 的运行速度，因为 LabVIEW 必须将数据转换为显示控件的数据类型。这些数据类型可以自动转换以匹配所连接的显示控件，如波形数组和标量数组，通常与 Express VI 一起使用。例如，使用 DAQ 助手 Express VI 采集一个信号并在图形显示窗口中显示时，图形的图例中将显示信号的名称，而 X 标尺将根据信号的属性作出调整，以相对或绝对时间显示与信号相关的时间信息。在程序框图上右键单击 VI 或函数的动态数据类型输出端，然后从快捷菜单中选择创建图形显示控件或数值显示控件，可以在图形和数值显示控件中显示动态数据类型。可见，LabVIEW 中的动态数据类型是处理和分析信号数据的重要工具，通过提供灵活的方式来表示和操作与信号相关的数据及其属性。

2.2 LabVIEW 程序结构

计算机程序设计中，程序结构是构成程序逻辑的基础，决定程序如何执行以及数据如何被处理。程序结构不仅是程序设计的基石，也是理解和分析程序行为的关键。类似于其他编程语言，LabVIEW 作为一种基于 G 语言的图形化编程环境，提供了多种用来控制程序流程的结构，包括顺序结构、条件结构（或选择结构）及循环结构等框架，这些流程控制结构是 LabVIEW 程序设计的核心，亦是其区别于其他图形化编程开发环境的独特之处，程序结构函数位于 LabVIEW 后面板"函数"选板中"结构"子选板中，如图 2.13 所示。本节将围绕常用的循环结构（For 循环结构和 While 循环结构）、定时结构、条件结构和事件结构开展相关程序控制结构功能的介绍。

图 2.13 LabVIEW 后面板"函数"选板中"结构"子选板

2.2.1 循环结构

循环结构（Loop Structure）是指在程序中需要反复执行某个功能而设置的一

种程序结构，依据循环体中的条件，判断继续执行某个功能还是退出循环。根据
判断条件，循环结构主要包括以下两种形式：先判断后执行的循环结构和先执行
后判断的循环结构，LabVIEW 库函数中给出了 For 循环结构和 While 循环结构
两种常用的循环结构函数。

1. For 循环结构

For 循环（For Loop）是所有汇编语言中最基本的结构之一，依据事先设定的
循环次数执行运算过程，以 C 语言为例，For 循环为如下代码：

```
for (i=0; i<N; i++)
        {
        程序语句段
        }
```

For 循环结构流程示意图如图 2.14 所示，LabVIEW 中的 For 循环结构位于
后面板程序框图的"函数"选板下的"结构"子选板中。创建 For 循环时，只需
用鼠标左键单击 For 循环控件，再在程序框图双击空白区，即可创建出 For 循环
函数，For 循环函数控件主要由循环框架、总数接线端（输入端）、计数接线端（输
出端）组成，通常 For 循环执行的是循环框图内的程序，如图 2.15 所示。

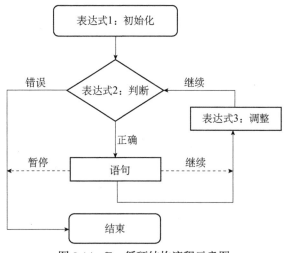

图 2.14   For 循环结构流程示意图

计数端口相当于 C 语言 For 循环中的循环次数 N，需要赋予初始值；循环端
口相当于 C 语言 For 循环中的变量 i，初始值为 0，每次循环的步进为 1。通常
LabVIEW 中循环端口的初始值和步进是固定值，如果需要改变不同的初始值和
步进，则需要通过其他函数和计算方式进行设定。以 100 以内整数求和为例，创

建 For 循环结构程序如图 2.16 所示，利用 For 循环计算 $0+1+2+\cdots+98+99+100$ 的数值大小，本案例中通过添加移位寄存器实现，移位寄存器用于 For 循环或 While 循环中从一个迭代传输数据到下一个迭代，它由循环垂直边框上一对反向相反的端子组成。在边框上单击右键，选择添加移位寄存器，即可实现。右端子（带向上箭头的矩形）在每完成一次迭代后存储数据，移位寄存器将上次迭代的存储数据在下一次迭代开始时移动到左端子（向下箭头的矩形）上。移位寄存器可存储任何数据类型，包括数字、布尔、字符串和数组，但连接到同一个寄存器端子上的数据必须是同一类型。移位寄存器的类型与第一个连接到其端子之一的对象数据类型相同。

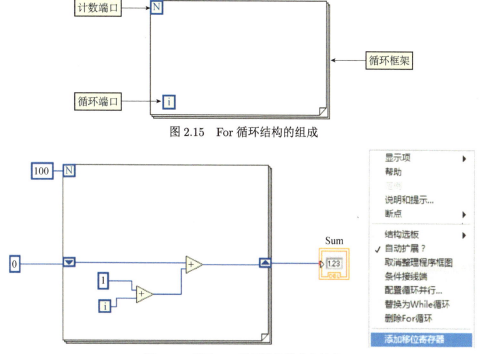

图 2.15　For 循环结构的组成

图 2.16　基于 For 循环结构的求和计算

2. While 循环结构

While 循环（While Loop）类似于 C 语言中的 "do-while" 语句，先执行代码，再进行判断。即代码至少会执行一次。先执行循坏体，再进行判断循环条件默认为 "真" 时，停止。

```
do
 {
  程序语句段
```

```
}
While
```

While 循环结构流程示意图如图 2.17 所示，LabVIEW 中的 While 循环结构可从后面板程序框图中"函数"选板的"结构"子选板中创建。如图 2.18 所示，最基本的 While 循环可由循环框架、循环端口及条件端口组成。类似于 For 循环，While 循环执行的是其循环框架内部的程序模块，但是其执行的循环次数不固定，只有当满足给定的判断条件时，才停止 While 循环的执行过程。

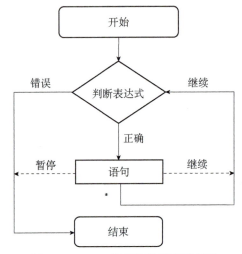

图 2.17   While 循环结构流程示意图

图 2.18   While 循环结构的组成

While 循环左边的循环端口是一个循环端口，用于输出当前循环执行的循环次数，循环计数从 0 开始。While 循环的循环端口亦相当于 C 语言 For 循环中的变量 i，循环端口的初始值和步进是固定值，初始值默认为 0，循环步进默认为 1，若需要改变默认值，需要对循环端口产生的数据进行一定的数据运算，或利用移位寄存器来实现。右边条件端口是一个布尔量，初始默认值为假（False），其功能是控制循环是否执行，每次循环结束时，由条件端口通过检查和判断输入数据的布尔值。当条件端口值为真（True）时，将继续执行下一次循环，直到条件端口的默认值是假（False）时，终止循环。如果不给条件端口赋值，那么 While 循环只会执行一次循环。While 循环亦有框架通道和移位寄存器，其用法和 For 循环完全相同，可通过相同步骤在 LabVIEW 中创建 While 循环函数，在此不再赘述。以数学中阶乘计算为例，图 2.19 给出了基于 While 循环结构的正整数 n 阶乘计算程序和运行结果。

```
void main ()
    {
        int a, i, n;
        a=1;
        i=0;
        scanf ("%d",&n);
          do
            {
                i = i+1;
                a = a*i
            }while (i<n)
            printf ("n! = %d", a)
}
```

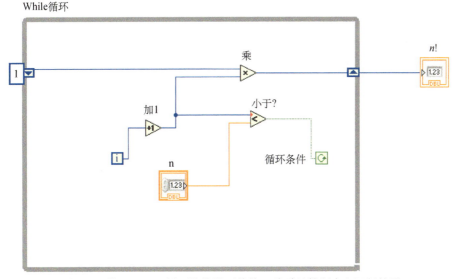

图 2.19 基于 While 循环结构的正整数 n 阶乘计算程序和运行结果

2.2.2 定时结构

LabVIEW 中的定时结构（Timed Structure）主要包括单帧定时循环和单周期定时环路，这两种结构都用于精确的时间控制。在 LabVIEW "函数" 选板的 "结构"子选板中集成了一个"定时结构"选板，该选板中包含了 8 个 VIs 和 Express VIs 定时函数，用于定时循环的程序设计和程序控制，如图 2.20 所示。

定时结构中各个 VIs 和 Express VIs 定时函数的具体定义和功能如下：

（1）定时循环（Timed Loop）：用于创建定时循环。

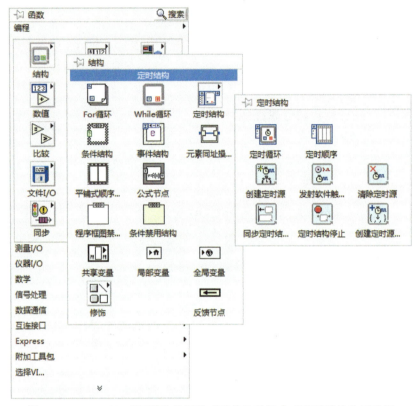

图 2.20 LabVIEW "函数"选板的"结构"选板中"定时结构"子选板

（2）定时顺序（Timed Sequence）：用于创建定时循环结构。

（3）创建定时源（Create Timing Source.vi）：为定时循环创建时序源，有创建定时源 1 kHz 和 1 MHz，以及创建软件触发定时源三个选项。

（4）清除定时源（Clear Timing Source.vi）：用于停止和清除为定时循环创建的时序源。

（5）同步定时结构开始（Synchronize Timed Loop Starts.vi）：用于使多个定时循环同步运行。

（6）定时结构停止（Stop Timed Loop.vi）：用于停止定时循环结构的运行。

（7）创建定时源层次结构（Build Timing Source Hierarchy.vi）：用于创建定时循环的时序源层次。

　　为了进一步熟悉定时循环使用方法，下面结合具体实例介绍创建和设计定时循环程序。首先在 LabVIEW 后面板程序框图中单击右键调出"函数"选板，从"函数"选板"结构"选板中"定时结构"子选板中选择定时循环，并在程序框图空白区域中拖动所选择的选板，即可创建出定时循环的结构框图，如图 2.21 所示，可以左右或上下拖动结构框图改变其大小，可显示出各个端口中更多参数的定义。由此图可见，定时循环局部 While 循环的基本特征，但是比 While 循环功能更丰富，无需指定循环次数，依靠一定的退出条件退出循环。

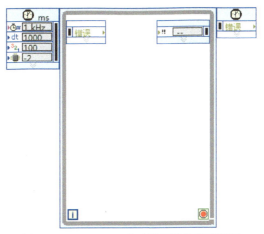

图 2.21　LabVIEW 定时循环结构程序框图

　　单帧定时循环比较精确，最常用的功能还是它的定时循环功能，定时循环允许不连接"循环条件"端子，可以连接定时循环"结构名称"端子，通过定时结构停止函数停止循环。通过在此定时循环结构中添加正弦函数控件、显示窗口控件和除法运算控件，即可创建如图 2.22 所示的基于定时循环结构仿真正弦波程序。

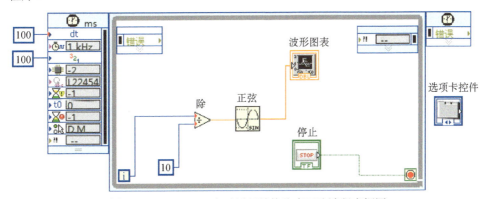

图 2.22　LabVIEW 定时循环结构仿真正弦波程序框图

设置程序运行周期为 100 ms,相位偏移量为 0,优先级为 100,单击 LabVIEW 运行按钮,程序运行输出结果如图 2.23 所示。通过此案例学习可见 LabVIEW 中的同步定时结构,重点在于其在单帧定时循环中的精确性,通过不连接"循环条件"端子并利用定时结构停止函数,即可实现精确的定时循环功能。

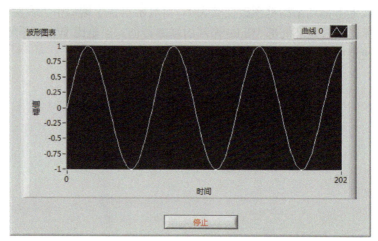

图 2.23   LabVIEW 定时循环结构仿真正弦波程序前面板

2.2.3   条件结构

LabVIEW 中的条件结构(Case Structure)是一种控制结构,相当于 C 语言中的 Swith 语句,根据条件的不同控制程序执行不同的代码块。条件结构由选择框架、条件选择端口、选择标签等组成,支持多种数据类型的输入,如布尔型、数值型、枚举型、字符串型等,如图 2.24 所示。

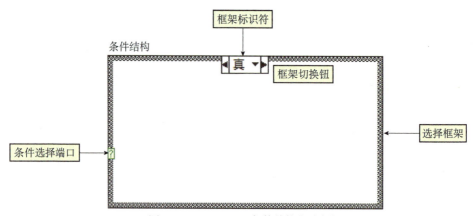

图 2.24   LabVIEW 条件结构程序框图

LabVIEW 条件结构中框架标识符相当于"常量表达式 n",条件选择端口相当于 C 语言 Switch 语句中的"表达式"。条件结构通常包含多个子框图，每个子框图的程序代码对应一个条件选项，这些框图程序重叠在一起，需要逐级切换才能显示和查看。程序设计时，若外部控制条件与条件选择端口相连，则程序运行时选择端口会依据外部控制条件，执行相应框图中的程序。LabVIEW 默认的选择框架类型为布尔型，布尔型条件结构的框图标识符默认值为真（True）或假（False）两种结果。依据条件选择端口输入控制的类型，可分为以下几种条件结构：

（1）错误簇条件结构：条件结构的分支选择器可以连接错误簇输入控件类型。当 VI 运行时，错误簇的输入可以触发特定条件的执行。

（2）数值条件结构：除了基本的布尔型输入，数值输入控件也可以与条件结构连接。数值条件结构允许程序根据具体的数值条件来执行不同的操作。

（3）枚举和其他输入控件：条件结构还支持枚举型、文本下拉列表、菜单下拉列表、图片下拉列表等复杂的输入控件类型，这些控件的使用方法和组合框基本一致。

（4）默认分支和添加分支：条件结构中，除了明确列出的分支，还可以设置一个默认分支来处理未明确匹配的情况。通过右键分支框，可以在前面或后面添加新的分支，或者将某个分支设置为默认分支。

（5）数据类型和选择器：条件结构的选择器根据连接的输入控件类型（如布尔型、数值型、字符串型和枚举型）来确定要执行的分支。选择器的值和分支名称是对应的，通过左右三角或向下三角可以切换不同分支。

（6）枚举在条件结构中的应用：枚举类型可以连接到条件结构的分支选择器，为枚举的每个值创建不同的分支。例如，季节的枚举可以创建四个分支，每个季节对应一个分支。

基于这些功能，LabVIEW 中的条件结构提供了强大的逻辑控制能力，使得程序可以根据不同的条件和输入执行相应的操作。注意，在使用条件结构时，控制条件的数据类型必须与框图标识符中的数据类型一致，否则程序运行时会报错，并提示程序框图标识符中字体的颜色为红色。

2.2.4 事件结构

LabVIEW 中的事件结构（Event Structure）亦是一种重要的控制结构，用于在发生特定事件时执行程序代码，类似于其他汇报语言中的"事件处理程序"或"回调函数"。事件结构可以包含一个或多个事件触发器，当事件触发时，事件结构将执行相应的程序代码。例如在 LabVIEW 中，事件结构通常与 GUI 编程结合使用，以响应用户交互并更新 GUI 界面。如果需要进行用户和程序间的互动操作，可以用事件结构实现。通过事件结构，程序可以响应用户在前面板中的操作，例如：鼠标单击、按键按下、改变窗口大小、退出程序等。

　　事件结构的创建和以上所述其他结构的创建类似，LabVIEW 中事件结构位于函数选板结构自选板中，在后面板程序框图中创建的事件结构图标如图 2.25 所示。由此图可见，事件结构的图标外观与条件结构相似，但是事件结构可以只通过一个子框图设置响应多个事件，也可以通过建立多个子框图设置响应各自的事件。事件结构主要由超时端口和事件数据节点组成。超时端口用于连接一个数值指定等待事件的毫秒数，其默认值为−1，即无限等待。如果超过设置的时间没有发生事件，LabVIEW 将会产生一个超时事件，程序设计时可以设置一个处理超时事件的子框图。事件数据节点用于访问事件数据值，可以通过缩放事件数据节点以显示多个事件数据项。在事件结构边框上单击鼠标右键，在弹出的快捷菜单中可以选择"添加事件分支"命令的方式添加子框图。在事件结构边框上单击鼠标右键，在弹出的快捷菜单中选择"编辑本分支所处理的事件"命令可以为子框图形代码框设成事件。

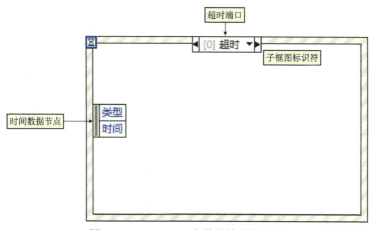

图 2.25　LabVIEW 事件结构程序框图

2.3　数组、矩阵和簇

　　（1）数组：数组（Array）是由同一类型数据元素组成的集合，在程序设计中，数组作为一种常用的数据结构，用于存储和组织相同类型的数据。与其他计算机程序设计语言一样，LabVIEW 程序中的数组可以是数值型、布尔型、字符串型等数据类型中同类数据的集合，数组中元素个数可变。数组中每个元素都有与其对应的唯一索引值，可以通过索引值来访问数组中的数据元素。在前面板中的数组对象是由一个存储数据的容器和数据本身构成，而在后面板程序框图中则体现为一维或多维矩阵形式，LabVIEW 中数组控件和数组函数控件分别如图 2.26 和图 2.27 所示。一维数组可以是一行或一列数据，多维数组由若干行和列组成。

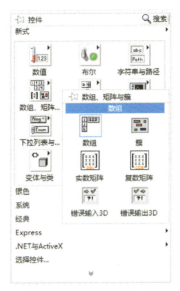

图 2.26 LabVIEW 前面板"控件"选板中"数组、矩阵与簇"控件

图 2.27 LabVIEW 后面板"函数"选板中"数组"子选板

　　LabVIEW 作为图形化编程语言，其数组的表示方式与其他汇编语言有所不同，LabVIEW 中数组主要由三部分组成：数据类型、数据索引和数据，其中数据类型隐含在数据中。如图 2.28 所示为一维数组和二维数组，数组左侧为索引显示（Index Display），其中索引值是位于数组框架中最左边或最上边元素的索引值，这种显示设计便于用户在有限的空间，通过索引显示和查看数组中的任意元素。数组元素位于右侧的数组框架中，按照元素索引由小到大的顺序从左到右或从上至下排列。程序设计中，数组中元素的访问是通过数组索引实现的，每个元素对应的索引值具有唯一性，数组索引值从 0 开始，索引值范围为 $0 \sim n-1$，其中 n 为数组元素的总数。

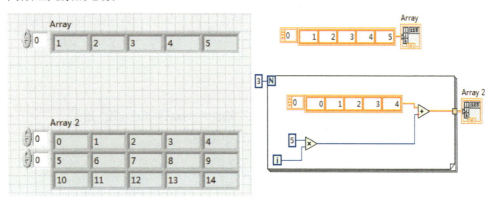

图 2.28　LabVIEW 前面板一维数组和二维数组的组成

　　（2）矩阵：在 LabVIEW 中，数组是一种线性数据结构，而矩阵（Matrix）是一种二维数据结构，它可以看作是一个表格，其中每个单元格都包含一个元素。与数组类似，矩阵中的所有元素也必须是相同类型的。然而，与数组不同的是，矩阵有两个索引：行索引和列索引。这使得用户可以按行或按列访问和操作矩阵中的元素。矩阵在处理多维数据时非常有用。例如，在信号处理或图像处理中，可以使用矩阵来表示二维信号或图像。在 LabVIEW 中，数组和矩阵都是重要的数据结构，在不同的应用场景中具有各自的优势。数组适用于一维数据的处理和分析，而矩阵则适用于多维数据的处理和分析。通过合理地选择和使用这两种数据结构，可以更有效地处理和解决各种实际问题。矩阵的加、减、乘、除运算都是按照矩阵的运算规则进行的，例如：在 LabVIEW 前面板创建两个矩阵控件并赋值，然后在后面板程序框图中添加加、减、乘、除函数，分别将加、减、乘、除函数的两个输入端与两个矩阵控件的接线端相连，最后在各个函数的输出端创建用于显示运算结果的显示控件。在矩阵的乘法运算过程中，如果两个输入端矩阵不满足矩阵的乘法运算法则，那么最终结果为空矩阵。以上所述矩阵计算的程序如图 2.29 所示，单击 LabVIEW 程序运行按钮，查看运行结果，最终各个数学运算的结果亦如图中所示。

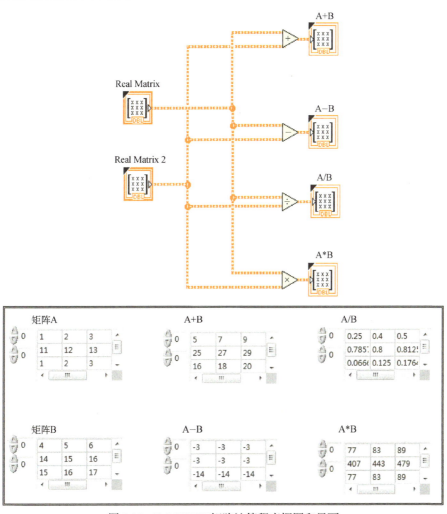

图 2.29 LabVIEW 矩阵计算程序框图和界面

（3）簇：簇（Cluster）是一种特殊的数据类型，由不同数据类型的数据构成的集合。在程序设计中，数组可以实现对相同数据类型的集合进行数据的组织，簇则能够灵活方便地将不同数据类型的数据组合起来，使其在实际应用中具有较好的高效性。簇中的元素具有一种逻辑上的顺序，由放进簇的先后顺序决定，而与其在簇中的摆放位置无关。簇中元素可以是任意的数据类型，但必须同时是控件或指示器。例如建立学生档案时，需要包含：姓名、学号、性别、民族、年龄、血型、科目成绩和家庭地址等信息，这些信息项有整型、浮点型、布尔型、字符串型和数组等数据类型，如果将这些数据元素分别定义为相互独立的简单变量，很难反映出其之间的内在联系。如果将这些数据项组成一个组合项，在组合项中再定义若干个不同类型的数据项，就能很好地实现精准关联性分析，而 LabVIEW 中簇就具有这种数据结构性质。

程序设计中，相互独立的简单变量，有时候难以反映其内在的联系。如果把多个变量组成一个组合项，在组合项中再包含若干个类型不同的数据项，例如常见的建立学生成绩档案数据库，这个任务在 C 语言中可以用 Structure 描述：

```
Struct student
{
    int num;
    char name[20];
    char ID[20];
    int age;
    float score;
    char grade[30];
    ......
}
```

上所述任务在 LabVIEW 中可以通过簇函数控件功能来实现，首先在前面板依据各个变量的类型创建各个变量所需的控件，例如：姓名采用字符串输入控件、学号和年龄采用数值输入控件，对于性别选择类常量可采用字符串与路径控件中的组合框控件，在其属性中编辑项-值与项值匹配菜单中添加初始选项。最后，创建一个簇函数控件，并将所有的变量控件拖入到簇函数控件面板内部，各个控件的版面布局可通过 LabVIEW 软件"工具"菜单下面的"对齐对象"和"分布对象"菜单中的位置设置和调整控件进行整体布局调整，如图 2.30 所示基于 LabVIEW 簇函数功能建立的学生个人信息档案库程序界面。

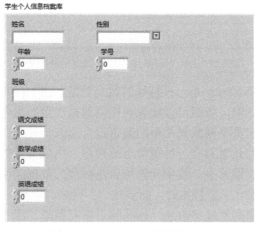

图 2.30   LabVIEW 簇程序界面

2.4　LabVIEW 图形化显示数据——图表和图形

利用图形与图表等形式来显示测试数据和分析结果，可以直观地看出被测试对象的变化趋势，从而使虚拟仪器的前面板变得更加形象和直观。LabVIEW 提供了丰富的图形显示控件。编程人员通过使用简单的属性设置和编程技巧就可以根据需求定制不同功能的"显示屏幕"。LabVIEW 中的图形显示功能通过 Graph（图形）和 Chart（图表）两个不同的方式展现，图表和图形的主要区别在于它们处理数据的时机和方式。图形，如波形图（Waveform Graph），主要用于对已采集的数据进行事后处理，可以显示单条或多条曲线，适用于展示经过处理后的数据结果，即已采集的数据进行事后处理的结果，可能涉及更复杂的数学处理或数据分析技术。图表，特别是图表中的 Chart，主要用于实时显示所获取的数据，能够实时、逐点地将数据源在某一坐标系中显示出来，从而反映被测物理量的变化趋势，具有实时性，使得 Chart 非常适合用于监测和数据分析，能够直接展示数据随时间的变化情况。相比之下，波形图通常用于展示采样率非均匀性的数据及多值函数的数据，而 Chart 则更适合用于展示采样率固定或均匀变化的数据。如图 2.31 所示为 LabVIEW 图形控件中包含的各种图形和图表显示控件，以满足不同类型数据的展示需求。

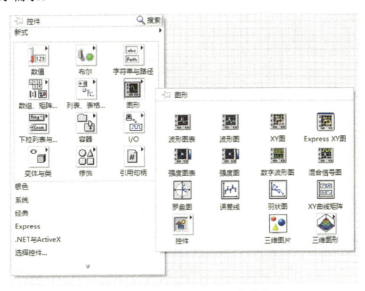

图 2.31　LabVIEW 图形控件模块

LabVIEW 图形控件中各个图形和图表的主要功能和适用的数据类型要求如下：

（1）波形图表——显示采样率恒定的数据。

（2）XY 图——显示采样率非均匀的数据及多值函数的数据。

（3）强度图和图表——在二维图上以颜色显示第三个维度的值，从而在二维图上显示三维数据。

（4）数字波形图——以脉冲或成组的数字线的形式显示数据。

（5）混合信号图——显示波形图、XY 图和数字波形图所接受的数据类型。同时也接受包含上述数据类型的簇。

（6）二维图形——在二维前面板图中显示二维数据。

（7）三维图形——在三维前面板图中显示三维数据。

LabVIEW 中各个图形和图表控制的创建流程，可通过右键单击选中图形控件，并将其直接拖到前面板空白区域即可。图形和图表的操作过程亦相似，以下将以常用的 XY 图形为例介绍几个基本的操作。如图 2.32 所示为 XY 图形控件窗口，在其控件界面上右击可弹出属性操作对话框。

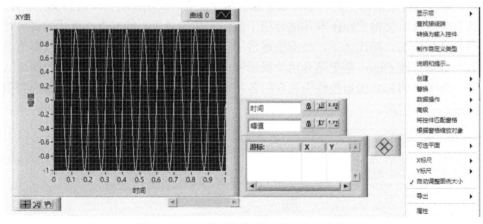

图 2.32   XY 图形控件窗口和属性对话框

1. 曲线

图形窗口右上角"曲线"小窗口可用来设置曲线的各种属性，包括线型（实线、虚线、点划线等）、线粗细、颜色以及数据点的形状等，亦可以通过图形"属性"对话框找到对应的"曲线"子面板进行参数编辑操作，如图 2.33 所示。

2. 图形模板

如图 2.34 所示，在图像显示窗口单击右键，选择"显示项"菜单中"图形工具选板"即可调出图形工具选板。图形工具选板可用来对曲线进行操作，包括移动、对感兴趣的区域放大和缩小等。光标图例可用来设置光标、移动光标，可通过光标直接从曲线上读取感兴趣的数据。刻度图例用来设置坐标刻度的数据格式、类型（普通坐标或对数坐标）、坐标轴名称以及刻度栅格的颜色等。

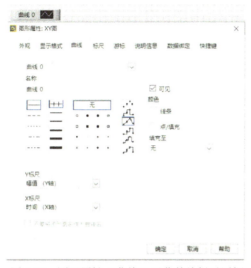

图 2.33 图形属性"曲线"子菜单编辑对话框 图 2.34 图形模板

3. 坐标显示及调整

右击图形界面可对横纵坐标进行参数设置调整，用户可根据实际需求选择刻度间隔、显示样式及坐标轴固定或自动调整，如图 2.35 所示。

4. 数据操作

如图 2.36 所示，右击图形界面可对数据进行相应操作，用户可根据需求选择相应命令。选择"清除图形"时会清除当前图形窗口中显示的所有数据，谨慎使用。

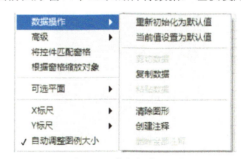

图 2.35 坐标显示及调整界面 图 2.36 数据操作界面

5. 数据导出

如图 2.37 所示，右击图形界面可对显示的波形数据进行导出，用户可根据需求选择对应模式。

图 2.37　数据导出界面

6. 图表数据长度

如图 2.38 所示波形图表的显示窗口可依据用户需求设置前面板窗口数据的历史长度来管理显示的数据点数，LabVIEW 中的波形图表历史长度可以通过右键单击前面板波形图并选择图表历史记录长度来更改。此操作允许用户配置图表历史记录缓冲区的大小，即每个通道中存储的标量值或波形点的数量。通过这种方式，用户可以调整波形图表保留的历史数据点的数量，从而控制图表显示的详细程度。默认情况下，波形图表的默认图表历史长度为 1024 个数据点，但用户可以根据需要自行定义显示数据量。改变显示的历史长度只会影响图表在前面板上的显示，而不会改变保存在图表数据缓冲区中的数据。此外，虽然无法在程序运行时动态改变 Chart 的历史长度，但可以通过设置希望在前面板看到的数据的历史长度来管理显示的数据点数。可以通过设置 X 轴的点数范围来实现数据显示范围，即在 Waveform Chart 的属性节点中的 X Scale » Scale Markers[ ] 属性，通过赋予这个属性节点一个包含所需显示的点数的数组，可以改变显示的 Chart 的历史长度或点数。

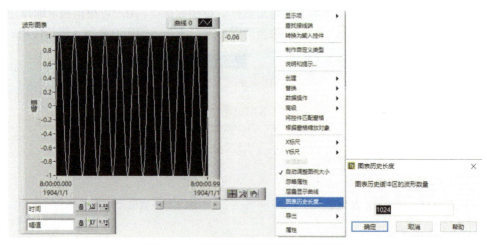

图 2.38　波形图表显示窗数据长度设置

7. 图表（Chart）和图形（Graph）案例展示

如图 2.39 所示以仿真正弦波信号作为显示数据，展示分别以波形图表和波形图作为显示控件的 LabVIEW 程序设计区别。对同一个正弦仿真信号进行显示，对比其程序框图，仿真信号发出产生的一组组数据直接进入波形图表进行实时显示，而若直接接入波形图则程序将会报错，原因正是波形图需将数据转换为数组对数据进行坐标划分后显示。但在实际显示中，两者波形一致。故用户可根据自身需求选择合适的图形或图标控件。

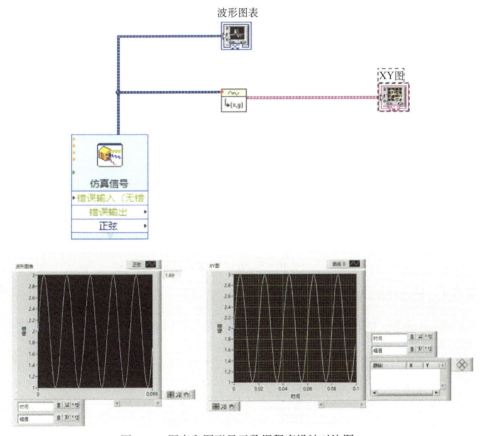

图 2.39　图表和图形显示数据程序设计对比图

2.5　Express VI

Express VI 是 LabVIEW 拥有的一种快速搭建专业测试系统的技术，该技术通过提供智能、功能丰富的函数和配置对话框，允许用户通过简单的步骤实现功能完善的测试系统。自 LabVIEW 7.0 版本开始，LabVIEW 库函数就提供了 Express 技术，旨在简化专业测试系统的搭建过程，通过 Express VI，用户可以用较少的步骤实现功能完善的测试系统，尤其是复杂的系统，也能通过 Express VI 得到极大的简化。Express VI 的优点不仅在于其简化测试系统搭建的过程，还在于它提供了动态数据类型（Dynamic Data Type，DDT），这种数据类型能够携带单点、单通道（一维数组）或多通道（二维数组）的数据或波形数据类型的数据。此外，动态数据类型还包含了一些信号的属性信息，如信号的名称、采集日期时间等，从而增加了信号处理的灵活性。在实际应用中，Express VI 被广泛应用于虚拟仪器设计技术实践中，特别是在设计虚拟滤波器和进行信号处理方面。例如，通过熟悉 LabVIEW 中的 Express VI，用户可以设计简单的低通滤波器，模拟实际情况下的信号处理，并进行比较分析，不仅提高了实验的效率，也增强了学习者对专业测试系统搭建的理解和实践能力。

　　LabVIE 函数中 Express VI 主要包含"输入"、"信号分析"、"输出"、"信号操作"、"执行过程控制"和"算术与比较"等模块，如图 2.40 所示。

图 2.40　Express VI 函数模块

2.5.1　Express VI "输入"

　　Express VI 的输入模块包含了"仿真信号"、"仿真任意信号"和"声音采集"等控件模块，如图 2.41 所示。

图 2.41　Express VI "输入"

（1）"仿真信号"可模拟正弦波、方波、锯齿波、三角波或噪声（直流）信号。图标及端口定义如图 2.42 所示。

图 2.42　"仿真信号"VI

（2）"仿真任意信号"通过输入相应的 X、Y 值来模拟任意信号。图标及端口定义如图 2.43 所示。

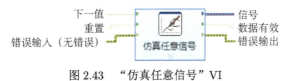

图 2.43　"仿真任意信号"VI

（3）"声音采集"可从声音设备采集数据。图标及端口定义如图 2.44 所示。

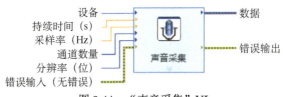

图 2.44　"声音采集"VI

（4）"读取测量文件"可从基于文本的测量文件（.lvm）、二进制测量文件（.tdm 或.tdms）中读取数据。图标及端口定义如图 2.45 所示。

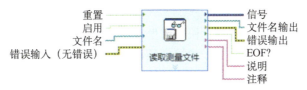

图 2.45　"读取测量文件"VI

（5）"提示用户输入"为显示标准对话框，提示用户输入用户名、密码等信息。图标及端口定义如图 2.46 所示。

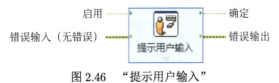

图 2.46　"提示用户输入"

（6）"文件对话框"为显示对话框，如图 2.47 所示，用于指定文件路径或目录。

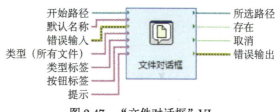

图 2.47   "文件对话框" VI

2.5.2   Express VI "信号分析"

Express VI 的信号分析模块包含了"频谱测量"、"曲线拟合"和"滤波器"等控件模块，如图 2.48 所示。

图 2.48   Express VI "信号分析"

（1）"频谱测量"可进行基于快速傅里叶变换（Fast Fourier Transform，FFT）的频谱测量和分析，如信号的平均幅度频谱、功率谱、相位谱。依据实际需要还可以对信号进行加窗（如汉宁窗（Hanning Window），汉明窗（Hamming Window）等）和信号平均处理等。VI 函数图标及端口定义如图 2.49 所示。

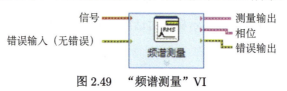

图 2.49   "频谱测量" VI

（2）"失真测量"即在信号上进行失真测量（例如音频分析、总谐波失真（THD）、信号与噪声失真比（SINAD））。图标及端口定义如图 2.50 所示。

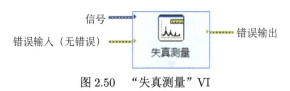

图 2.50　　"失真测量" VI

（3）"单频测量"可查找具有最高幅值的单频，或在指定范围内查找具有最高幅值的单频。查找单频的频率和相位。图标及端口定义如图 2.51 所示。

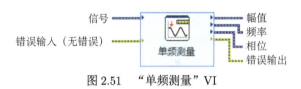

图 2.51　　"单频测量" VI

（4）"双通道谱测量"可依据当前和先前的输入信号，测量输入信号的频率响应和相干。该 Express VI 可返回幅度、相位、相干、实部和虚部等结果。和前面介绍的频谱测量 Express VI 一样，也可以对信号进行加窗和平均处理。图标及端口定义如图 2.52 所示。

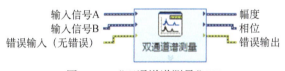

图 2.52　　"双通道谱测量" VI

（5）"幅值和电平测量"可测量信号的电压。依据采集信号的直流分量，计算信号的均方根值，得到信号的正峰、反峰、峰峰值、周期平均和周期均方根值。图标及端口定义如图 2.53 所示。

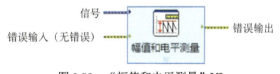

图 2.53　　"幅值和电平测量" VI

（6）"信号的时间与瞬态特性测量"可测量信号（通常是脉冲）的时间与瞬态特性（例如，频率、周期或占空比）。图标及端口定义如图 2.54 所示。

图 2.54　　"信号的时间与瞬态特性测量" VI

（7）"曲线拟合"根据所选的模型类型，计算最能代表输入数据的模型系数。该 Express VI 可以根据需要选择线性、二次、样条插值、多项式、广义线性和非线性等模型，可以输出最佳拟合结果、残差和均方误差。图标及端口定义如图 2.55 所示。

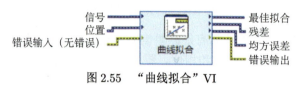

图 2.55　"曲线拟合"VI

（8）"滤波器"可通过滤波器和加窗对信号进行处理。图标及端口定义如图 2.56 所示。

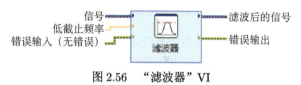

图 2.56　"滤波器"VI

（9）"统计"可返回波形中第一个信号的选定参数。图标及端口定义如图 2.57 所示。

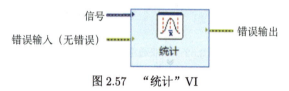

图 2.57　"统计"VI

（10）"卷积和相关"为在输入信号上进行卷积、反卷积或自相关、互相关操作。图标及端口定义如图 2.58 所示。

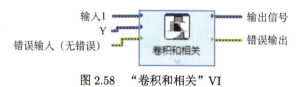

图 2.58　"卷积和相关"VI

（11）"信号掩区和边界测试"为在信号上进行边界测量。图标及端口定义如图 2.59 所示。

图 2.59　"信号掩区和边界测试"VI

（12）"创建直方图"可创建信号的直方图。图标及端口定义如图2.60所示。

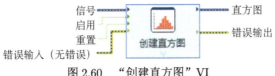

图2.60 "创建直方图"VI

2.5.3 Express VI "输出"

LabVIEW 函数中 Express VI 的输出模块包含了"创建文本"、"显示对话框"、"播放波形"等控件模块，如图2.61所示。

图2.61 Express VI "输出"

（1）"创建文本"可对文本和参数化输入进行组合，创建输出字符串，如输入的不是字符串，该 Express VI 将依据配置使之转化为字符串。图标及端口定义如图2.62所示。

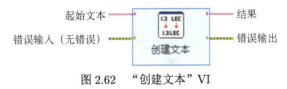

图2.62 "创建文本"VI

（2）"显示对话框信息"可创建含有警告或用户消息的标准对话框。图标及端口定义如图2.63所示。

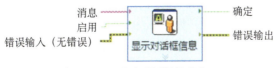

图2.63 "显示对话框信息"VI

（3）"播放波形"为在声音输出设备中播放通过有限采集到的数据。图标及端口定义如图 2.64 所示。

图 2.64　"播放波形" VI

（4）"写入测量文件"可写入数据至基于文本的测量文件（.lvm）、二进制测量文件（.tdm 或.tdms）或 Microsoft Excel 文件（.xlsx）。图标及端口定义如图 2.65 所示。

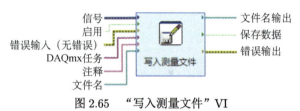

图 2.65　"写入测量文件" VI

（5）"报表"用于生成包含 VI 说明信息、VI 返回数据、报表属性（例如，作者、公司和页数）的预格式化报表。图标及端口定义如图 2.66 所示。

图 2.66　"报表" VI

2.5.4　Express VI "信号操作"

LabVIEW 函数中 Express VI 的信号操作模块包含了"合并信号"、"拆分信号"和"选择信号"等函数控件，如图 2.67 所示。

（1）"合并信号"可合并两个或多个支持的信号（例如，数值标量、一维数值数组、二维数值数组、布尔标量、一维布尔数组、二维布尔数组、波形或一维波形数组）至信号输出。通过调整"合并信号" VI 的大小可添加输入。信号输出连线至另一个信号的连线分支时，程序框图上可自动显示该函数。合并信号函数控件图标及端口定义如图 2.68 所示。以典型的正弦波、三角波和锯齿波为例，进行三个波形的合并叠加程序设计，如图 2.69 为应用"合并信号"的程序框图后面板以及前面板展示结果。

图 2.67　Express VI"信号操作"

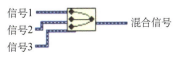

图 2.68　　"合并信号"VI

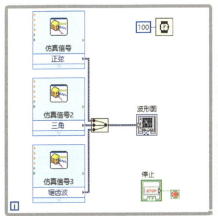
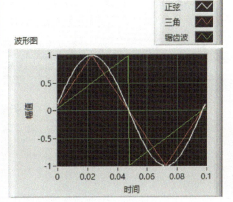

图 2.69　应用"合并信号"的程序框图后面板以及前面板展示结果

（2）"拆分信号"函数是"合并信号"函数的逆过程，可将两个或多个信号拆分为多个原始分量信号。通过调整函数的大小可添加输出，函数图标及端口定义如图 2.70 所示。以典型的正弦波和三角波构成的混合信号进行信号合成和拆分程序设计，如图 2.71 所示为基于"合并信号"和"拆分信号"函数的程序框图后面板和前面板。

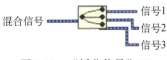

图 2.70　　"拆分信号"VI

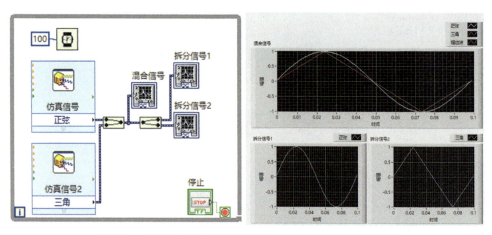

图 2.71　两路信号合成和拆分程序设计框图后面板和前面板

（3）"选择信号"可接受多个信号作为输入，只返回用户选中的信号。用户可指定输出中包含的信号，也可改变输入信号的顺序。函数图标及端口定义如图 2.72 所示。同样以典型的正弦波、三角波和锯齿波为例，应用"选择信号"的程序框图和"选择信号"属性对话框分别如图 2.73 和图 2.74 所示。

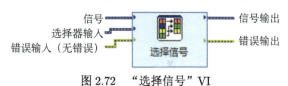

图 2.72　"选择信号" VI

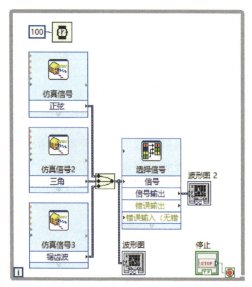

图 2.73　基于"选择信号"函数的程序框图

图 2.74　"选择信号"属性对话框

"选择信号"函数为程序设计提供了多种选择方式的便利性,可以事先罗列出常用的信号源,针对不同的应用需求,通过"选择信号"函数来实现当前任务的需求,如图 2.75 所示前面板展示了不同选择结果。

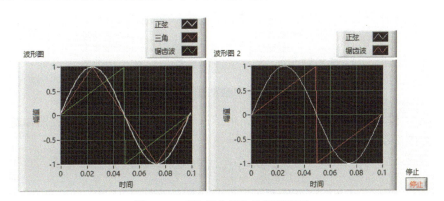

图 2.75　"选择信号"前面板展示

(4)"对齐和重采样"可改变开始时间,通过对齐信号,或改变时间间隔,对信号进行重新采样,并返回对齐的信号。函数图标及端口定义如图 2.76 所示。

图 2.76　"对齐和重采样"VI

(5)"信号收集器"可收集输入信号,按照用户指定的每条通道最高采样数返回最新数据。如反复调用该 Express VI,达到每条通道的最高采样数时,该 Express VI将丢弃最老的数据,在采样中添加最新数据。函数图标及端口定义如图 2.77 所示。

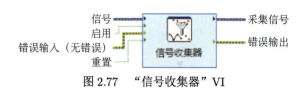

图 2.77　"信号收集器" VI

（6）"采样压缩"可采集大量数据点，并将其压缩为少量数据点。函数图标及端口定义如图 2.78 所示。

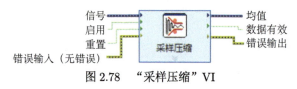

图 2.78　"采样压缩" VI

（7）"触发与门限"通过触发提取信号中的片段。触发器状态可基于开启或停止触发器的阈值，也可以是静态的。为静态时，触发器立即启动，Express VI 返回预定数量的采样。函数图标及端口定义如图 2.79 所示。

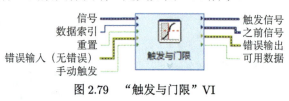

图 2.79　"触发与门限" VI

（8）"继电器"配置继电器开关，用于打开或关闭输入信号。函数图标及端口定义如图 2.80 所示。

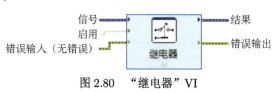

图 2.80　"继电器" VI

（9）"拼接信号"可实现信号相互拼接。该 Express VI 可用于使信号拼接至另一信号之后；使混合信号中的多个信号逐一拼接；使同一个信号拼接至混合信号中每个信号之后；或使一个混合信号拼接至另一个混合信号之后。函数图标及端口定义如图 2.81 所示。

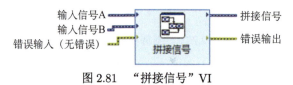

图 2.81　"拼接信号" VI

（10）"重新打包信号"可接收任意数量的数据点信号，并产生指定大小的信号包。函数图标及端口定义如图 2.82 所示。

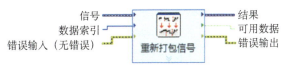

图 2.82   "重新打包信号" VI

（11）"提取部分信号"可提取并返回输入信号中的数据。通过提取单个信号点或特定范围内的数据，可按照时间或索引提取数据。还可找到某个值首次发生的时间和索引。函数图标及端口定义如图 2.83 所示。

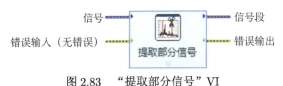

图 2.83   "提取部分信号" VI

（12）"延迟值"可保存前一次循环的数据，指定次数循环发生后传递数据。函数图标及端口定义如图 2.84 所示。

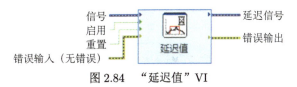

图 2.84   "延迟值" VI

（13）"从动态数据转换"将动态数据类型转换成可与其他 VI 和函数配合使用的数值、布尔、波形和数组数据类型。函数图标及端口定义如图 2.85 所示。

（14）"转换至动态数据"将数值、布尔、波形和数组数据类型转换成可与 Express VI 配合使用的动态数据类型。函数图标及端口定义如图 2.86 所示。

图 2.85   "从动态数据转换" VI   图 2.86   "转换至动态数据" VI

（15）"用数组表示数字信号集"即用数字数据数组表示数字数据；用数字波形数组表示数字波形集。函数图标及端口定义如图 2.87 所示。

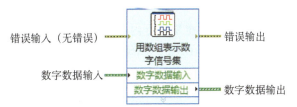

图 2.87   "用数组表示数字信号集" VI

　　（16）"设置动态数据属性"对于连入信号输入的动态数据，设置其属性。函数图标及端口定义如图 2.88 所示。

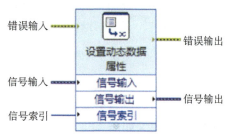

图 2.88　　"设置动态数据属性" VI

　　（17）"获取动态数据属性"对于连入信号输入的动态数据，获取其属性。函数图标及端口定义如图 2.89 所示。

图 2.89　　"获取动态数据属性" VI

2.5.5　Express VI "执行过程控制"

　　LabVIEW 函数中 Express VI 的执行过程控制模块包含"带按钮的 While 循环"、"平铺式顺序结构"和"条件结构"等控件模块，如图 2.90 所示。

图 2.90　Express VI "执行过程控制"

　　（1）"带按钮的 While 循环"重复执行内部的子程序框图，直至条件接线端（输入端）接收到特定的布尔值。如在程序框图上放置该 While 循环，循环的条件接线端旁可显示停止按钮并自动连线。

　　（2）"平铺式顺序结构"包括一个或多个顺序执行的子程序框图或帧。平铺式顺序结构可确保子程序框图按一定顺序执行。

平铺式顺序结构的数据流不同于其他结构的数据流。所有连线至帧的数据都可用时，平铺式顺序结构的帧按照从左至右的顺序执行。每帧执行完毕后会将数据传递至下一帧。即帧的输入可能取决于另一个帧的输出。如要创建层叠式顺序结构，在程序框图上创建平铺式顺序结构，右键单击该结构并选择"替换为层叠式顺序"，如图 2.91 所示。

图 2.91 平铺式结构转换为层叠式顺序结构

（3）"条件结构"包括一个或多个子程序框图、分支、结构执行时，仅有一个子程序框图或分支执行。连线至选择器接线端的值决定要执行的分支。

（4）"时间延迟"指定在运行调用 VI 之前延时的秒数。默认值为 1.000。函数图标及端口定义如图 2.92 所示。

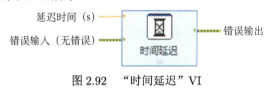

图 2.92 "时间延迟" VI

（5）"已用时间"指定在结束布尔端的值变为 TRUE 之前必须经历的时间。默认值为 1.000。函数图标及端口定义如图 2.93 所示。

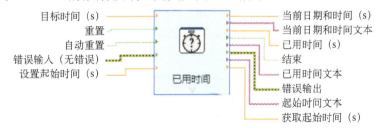

图 2.93 "已用时间" VI

2.5.6 Express VI "算术与比较"

LabVIEW 函数中 Express VI 的"算术与比较"模块包含"公式"、"缩放和映射"和"时域数学"等控件模块，如图 2.94 所示。

图 2.94　Express VI"算术与比较"

（1）"公式"提供计算器界面用于创建数学公式。该 Express VI 可以完成一般科学计算器能够完成的数学函数功能中的大部分功能。函数图标及端口定义如图 2.95 所示。

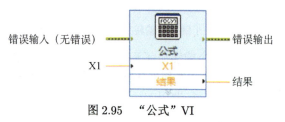

图 2.95　"公式"VI

（2）"缩放和映射"提供计算器界面用于创建数学公式。该 Express VI 可以完成一般科学计算器能够完成的数学函数功能中的大部分功能。函数图标及端口定义如图 2.96 所示。

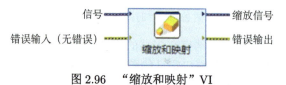

图 2.96　"缩放和映射"VI

（3）"时域数学"在时域信号上使用数学函数。函数图标及端口定义如图 2.97 所示。

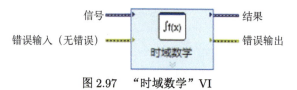

图 2.97　"时域数学"VI

（4）"Express 数值"可对数值进行加减乘除等数学运算，或在各种数据类型之间对数值进行转换，如图 2.98 所示。

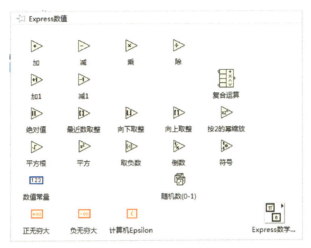

图 2.98 "Express 数值"VI

（5）"Express 数学"模块提供了一系列数学函数，例如三角函数、指数函数和双曲函数，包含的各种函数控件如图 2.99 所示。

图 2.99 "Express 数学"模块中三角函数、指数函数和双曲函数

（6）"Express 布尔"可对布尔值进行逻辑操作，包含的逻辑操作控件如图 2.100 所示。

图 2.100   "Express 布尔"控件

（7）"Express 比较" Express 比较 VI 和函数用于对布尔、字符串、数值、数组和簇进行比较。其包含的控件如图 2.101 所示。

图 2.101   "Express 比较"控件

2.6   文件 I/O

　　LabVIEW 的文件 I/O（Input/Output，输入/输出）操作主要包括创建或打开文件、读取或写入数据、关闭文件三个基本步骤，这些操作中会用到一些相关的概念和术语，包括文件引用句柄、文件格式、流程控件、流盘等计算机术语。具体实现过程如下。

　　（1）创建或打开文件：在 LabVIEW 中，首先需要创建一个新的文件或者打开一个已存在的文件。文件被打开后，会获得一个引用句柄，这个句柄是该文件的唯一标识符。

　　（2）读取或写入数据：文件创建或打开后，可以使用 LabVIEW 提供的文件 I/O VI 或函数从文件中读取数据，或者向文件中写入数据。这些操作包括但不限于读取文本文件和写入文本文件，可以执行一般文件 I/O 操作的全部步骤。

　　（3）关闭文件：完成对文件的读、写操作后，需要关闭文件以停止 LabVIEW 对文件的访问。这一步骤保证了文件的完整性和安全性，防止数据丢失或损坏。

　　LabVIEW 还支持不同类型的测量文件，包括基于文本的测量文件（.lvm 文件）和二进制测量文件（.tdms 文件和.tdm 文件）。

（1）文本文件：可以处理基于文本的测量文件（.lvm 文件），这种文件是用制表符分隔的文本文件，可以在电子表格应用程序或文本编辑应用程序中打开。.lvm文件不仅包括由 Express VI 生成的数据，还包括该数据的相关信息，如生成数据的日期和时间等。

（2）二进制文件：包括二进制测量文件（.tdms 文件和.tdm 文件），这些文件由写入测量文件 Express VI 生成，保存的数据精度可高达 6 位数，适用于需要高效存储大量数据的应用场景。

此外，LabVIEW 具有设备驱动功能，支持通过软件驱动 I/O 接口设备，包括直接支持的设备和不支持的设备。对于直接支持的设备，LabVIEW 提供了专用的子 VI 形式的驱动程序库，使得用户可以轻松地实现板卡的所有功能。对于不支持的设备，虽然价格可能更为昂贵，但提供了灵活的驱动方式，允许用户根据需要选择合适的解决方案。

综上所述，LabVIEW 的文件 I/O 操作涵盖了从基本的文本和二进制文件处理到复杂的设备驱动支持，为用户提供了广泛的数据处理和设备控制能力。如图 2.102 所示为 LabVIEW 函数中文件 I/O 子函数模块包含的各个控件模块。尤其是，I/O 子函数模块中的高级文件函数模块，包含了丰富的文件操控功能，如图 2.103 所示。

图 2.102　LabVIEW 函数中文件 I/O 子函数模块

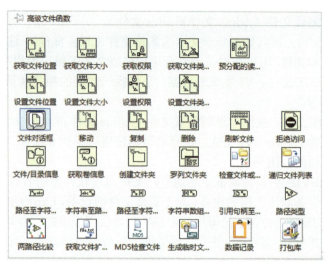

图 2.103　LabVIEW 文件 I/O 子函数模块中的高级文件函数

2.7　VI 与子 VI

VI 是虚拟仪器 Virtual Instruments 的缩写，VI 作为一种基于图形化编程的语言，其设计理念和 C 语言中的函数有相似之处，都旨在提高编程效率和系统的可重用性。通过使用 VI，开发人员可以更加直观地设计和构建复杂的系统和应用程序，而无需编写大量的代码。开展 LabVIEW 程序设计之前，首先需要创建一个 VI 文件，可通过 LabVIEW 前面板或后面板左上角"文件"菜单中"新建 VI"或使用快捷键"Ctrl+N"方式快速创建一个新的 VI，作为 LabVIEW 的程序文件，其扩展名为".vi"，这类似 C 语言中的扩展名为 ".c"。在 C 语言等汇编语言的 main 函数中，为了简化程序的整体布局，通常将各个功能的子程序进行模块设计。LabVIEW 程序设计中，当 VI 作为其他 VI 的一个对象使用时，此 VI 称为子 VI（SubVI），类似于脚本编程语言中的子程序。LabVIEW 函数选板上所提供的内置 VI 都属于子 VI。这些内置 VI 是 LabVIEW 软件开发环境所提供的，安装 LabVIEW 软件后即可获得。在设计较大和复杂的程序时，通过把 VI 封装成为子 VI，可以帮助模块化程序，简化代码结构。子 VI 是模块化程序设计的基础和主要部件。类似于 C 语言中的子程序，子 VI 使得 LabVIEW 程序易于调试、理解和维护。子 VI 的引入，使得 VI 具有鲜明的层次结构，所以理解和创建子 VI 是构建 VI 的基础，本章将学习如何设计 VI 与子 VI。

（1）创建空白 VI：新建一个空白 VI，通过编写 LabVIEW 程序框图来实现计算两个输入数据中的最小值。首先在 LabVIEW 程序框图后面板"函数"选板中"比较"子函数选板中创建"小于等于？"和"选择"两个函数，在"小于等于？"函数左边输入端单击鼠标右键选择创建输入控件"X1"和"X2"，在"选择"函数右边输出端单击鼠标右键选择创建显示控件"最小值"。最后，将各个函数控件依据图 2.104 所示的程序框图进行连接各个函数控件，并将 VI 文件保存为"比较最小值-子 VI.vi"。此时，程序前面板中输入控件"X1"和"X2"初始默认值皆为 0，可分别输入任意数值，单击 LabVIEW 运行程序按钮并检验显示控件"最小值"中显示结果是否正确。

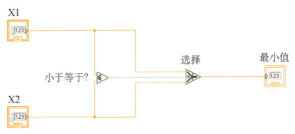

图 2.104   LabVIEW 比较最小值子 VI 程序框图

（2）编辑子 VI 图标：当所创建的"比较最小值-子 VI.vi"程序测试结果正确时，可对此 VI 的图标进行编辑。如图 2.105 所示，直接双击 VI 右上角的图标，打开 VI 图标编辑器，可在"模板"、"图标文本"、"符号"和"图层"四个菜单中对 VI 图标进行个性化设计和编辑。编辑 VI 的图标是为了方便在主 VI 的程序框图中辨别子 VI 的功能，因此编辑子 VI 图标的原则是尽量通过该图标就能表明该子 VI 的用途。

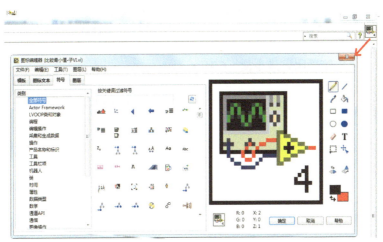

图 2.105   LabVIEW 图标编辑器界面

（3）建立连接端子：连接端子类似于函数参数，用于子 VI 的数据输入与输出。如图 2.106 LabVIEW 比较最小值子 VI 程序前面板右上角所示，初始情况下，连接端子没有与任何控件连接，即所有的端子都是空白，每一个小方格代表一个端子。右击"连接端子"图标，选择"模式"菜单，进行端子模式的选择。以"三端子"模式为例，先单击左上角小方格，再单击输入控件 X1，就实现了该端子与控件 X1 的连接。此时该小方格就会自动更新为该控件所代表的数据类型的颜色。同样方法将左下角小方格与输入控件 X2 连接，右边方格与显示控件"最小值"连接。当"三端子"所有方格颜色从初始白色都切换成其他颜色时，表示连接端子已设置成功。保存该 VI 后，就可以在其他 VI 中调用该子 VI 了。

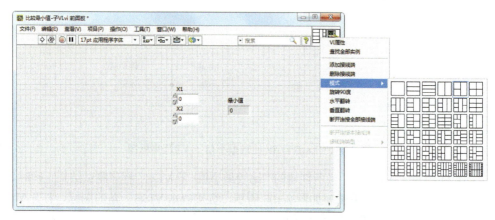

图 2.106　LabVIEW 比较最小值子 VI 程序前面板

新建一个 VI，并命名为"比较最小值-主 VI.vi"，要在函数面板的选择 VI 中实现对该子 VI 的调用，在后面板程序框图"函数"选板中选择"选择 VI..."选项，打开"选择需打开的 VI"对话框，从文件夹中找到并选择刚建立的子 VI"比较最小值-子 VI.vi"文件，即可看到之前自行设计和封装好的子 VI，如图 2.107 中所示的中间函数控件"比较最小值-子 VI.vi"。

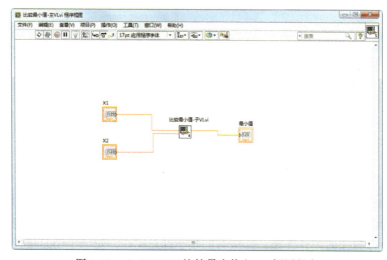

图 2.107　LabVIEW 比较最小值主 VI 框图程序

为调用和测试所创建的子 VI 程序，同样需要在其输入端和输出端分别创建输入控件和显示控件，分别用于输入比较数值和显示程序运行结果。最后，按图中所示完成相应端口之间的连接，并保存文件。通过 LabVIEW 窗口菜单或快捷键"Ctrl+E"切换到前面板，分别输入对比数值 100 和 10，单击运行程序按钮，如图 2.108 所示最终输出结果显示最小值为 10，程序运行结果正确。到此为止，已完成一个简单 VI 和子 VI 程序的创建和调用。

图 2.108　LabVIEW 比较最小值主 VI 程序前面板

通常创建子 VI 的目的是简化主程序，便于 LabVIEW 程序调试、理解和维护。有些时候可能需要在调用子 VI 时给出一些提示性信息，如程序运行失败和报错、用户登录权限设置等。针对如何利用一个子 VI 来实现一个用户登录对话框，要实现这个功能实际上并不复杂，只需要在主 VI 程序中右击子 VI 图标，通过选择"设置子 VI 节点"选项来实现配置对话框功能，就很容易实现上述功能。以下将利用显示子 VI 前面板来深入学习如何实现设计登录对话框。

如图 2.109 所示为 LabVIEW 登录界面子 VI 框图程序，程序设计中子 VI 用了层叠式的顺序结构，让程序分两步执行（即先 0 后 1）。第一步是给"布尔"设定一个默认值"假"；第二步由逻辑与控件判断用户名和密码是否与设定值一致，一致则输出"真"，但是此时连接的"布尔"在 While 循环外，只有循环停止才能输出给"布尔"，而程序面板中的确定按钮可以停止 While 循环，"布尔"设置为子 VI 的输出端口，在主 VI 中与条件结构连接。

如图 2.110 所示为子 VI 框图程序对应的 LabVIEW 登录界面子 VI 前面板。调用节点选择"前面板关闭-FP.Close"，循环停止后可控制子 VI 前面板关闭从而跳转到主 VI 前面板。

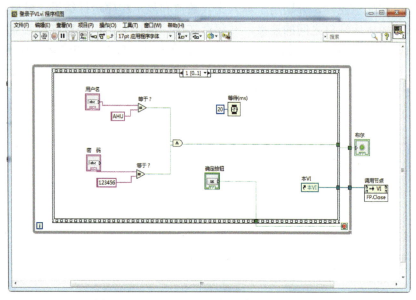

图 2.109　LabVIEW 登录界面子 VI 框图程序

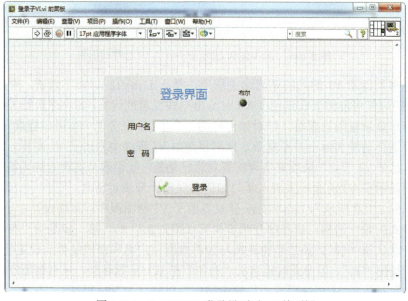

图 2.110　LabVIEW 登录界面子 VI 前面板

主 VI 程序设计中通过将属性节点中的"前面板状态-FP.State"设置为 Hidden，在主 VI 开始运行时会隐藏前面板，如图 2.111 所示为 LabVIEW 登录界面主程序框图程序。登录子 VI 设置为调用时显示前面板，这样主 VI 前面板隐藏后就会跳转至子 VI 的登录界面。利用条件结构对子 VI 的输出结果进行处理，假表明用户名或密码错误，弹出提示对话框；真表明登录成功，此时将属性节点中的 FP.State 设置为 Standard 即主面板可见，再用 While 让主 VI 保持运行，只有事件结构里的确定按钮值发生改变才停止 While 循环，实现了用户单击"登录 or 退出"按钮后程序停止运行的功能，如图 2.112 所示为所设计的 LabVIEW 登录界面主程序前面板。

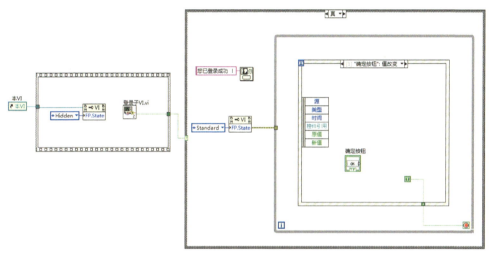

图 2.111　LabVIEW 登录界面主程序框图程序

图 2.112　LabVIEW 登录界面主程序前面板

2.8　人机界面交互界面设计

LabVIEW 中文名称为"实验室虚拟仪器工程平台"，作为一款图形化编程语言和开发环境，广泛应用于科学研究、工程实践、教育教学等领域。LabVIEW 采用数据流编程模式，在数据流编程中，通过程序框图节点的数据流决定了 VI 和函数的执行顺序。故此，LabVIEW 人机界面交互设计的优势主要体现在以下各个方面：

（1）直观易用的图形化编程：LabVIEW 采用图形化的代码块和连线方式，使得编程过程更加直观和易于理解。这种图形化编程方式符合工程师和科学家的思维习惯，使得编程变得更加简单和高效。用户可以通过拖拽和连接功能模块来快速构建程序，无需去记住复杂的编程语法，从而降低了编程的难度，提高了开发效率。

（2）高效的并行执行：LabVIEW 采用数据流编程模型，可以并行执行多个独立的任务，意味着可以同时处理多个数据通道或执行多个操作，从而大大提高了系统的性能和效率。在实时数据处理和多线程任务中，LabVIEW 的并行执行能力尤为重要，可以充分利用计算机的多核性能，加快数据处理速度，提高系统的实时性。

（3）强大的硬件交互能力：LabVIEW 提供了丰富的硬件接口和驱动程序，支持与各种硬件设备和仪器的通信。用户可以轻松地控制、获取和分析外部设备的数据，从而实现软件与硬件的紧密集成。通过与 NI 的硬件产品结合，LabVIEW 可以实现高性能的数据采集、信号生成和控制等功能。

（4）丰富的函数库和工具包：LabVIEW 内置了丰富的函数库和工具包，包括数学、信号处理、数据通讯、仪器测控、装饰等多种功能模块。这些工具箱可以方便实现各种模拟测试、数字信号处理、自动化控制等领域的开发，提供了强大的技术支持和开发环境。

综上所述，LabVIEW 在人机界面交互设计方面的优势主要体现在其直观易用的图形化编程、高效的并行执行、强大的硬件交互能力、丰富的函数库和工具包，以及设计形象生动的用户界面。这些特点使得 LabVIEW 作为一款功能强大的虚拟仪器软件平台，广泛应用于测试和测量领域，在仪器控制与监测、数据采集与分析、自动化测试等方面发挥着重要作用，并具有灵活性、易用性和可拓展性。

LabVIEW 前面板的控件和后面板的函数是实现人机界面交互的基本元素，其功能分别相当于实际物理仪器的外部面板和内部电子线路。LabVIEW 人机界面交互界面设计主要涉及以下几个方面：

（1）用户交互方式：用户可以通过多种方式与程序进行交互，包括使用按钮、播放声音、对话框、菜单和键盘输入等。这些交互方式的设计旨在提高用户体验和操作的便捷性。

（2）VI 属性设置：VI 有很多属性可以进行设置，如 VI 图标、修改历史、帮助文档、密码保护、前面板显示内容、窗口大小、执行控制和打印属性等。通过配置这些属性，可以使 VI 适应不同的运行场合。

（3）对话框设计：对话框设计包括普通对话框和用户自定义对话框。这些对话框用于信息显示和提示用户输入，是实现多功能集成化的重要手段。

（4）人机界面模式设计：在应用 LabVIEW 进行实际项目开发时，可能会设计不同的界面模式，如整体界面模式、弹出式界面模式、动态调用界面模式等，以满足项目的特定需求。

（5）3D（三维）视觉应用：对于 3D 视觉工程项目，LabVIEW 还提供了 3D Vision Development Toolkit，该工具包包含丰富的点云显示控件和交互功能，简化了 3D 项目中的人机交互界面开发，包括标记、路径规划、模板匹配等。

（6）WiFi 通信应用：在 WiFi 通信应用中，通过 LabVIEW 设计的交互界面包括输入控件、波形图和表格，实现了与 WiFi 模块的数据接收、存储和显示，提高了实验数据处理效率。

此外，LabVIEW 还允许用户创建自定义的控件和数据类型，以满足特定的应用需求，从而增强了界面设计的灵活性和适应性，使得所设计的界面更加符合用户的特定工作流。示波器是一种用来测量交流电或脉冲电流波的形状的仪器，由电子管放大器、扫描振荡器、阴极射线管等组成。除观测电流的波形外，还可以测定频率、电压强度等。示波器在电子工程、通信技术、科研实验、生产制造和教育培训等领域都有着广泛的应用。在此，通过利用 LabVIEW 设计一个简单的示波器，以展示图形化编程语言 LabVIEW 在虚拟仪器设计方面的潜在优势。如图 2.113 和图 2.114 所示分别为模拟示波器功能而设计的 LabVIEW 模拟数字示波器前面板和后面板。虽然示波器的功能要比这个虚拟示波器的功能丰富得多，但是熟悉 LabVIEW 具体操作和众多函数功能之后，即可通过进一步丰富前面板内容完成更完美的模拟示波器设计。

可见，LabVIEW 人机交互界面的设计过程涵盖了从基本界面编辑到高级功能实现的全过程，旨在提供灵活且用户友好的操作体验。鉴于人机界面交互界面设计涉及面广，且内容比较分散，本章将不再具体介绍此方面设计内容，在后面的章节学习中，将围绕具体案例再介绍图形化人机界面交互界面设计操作过程、技巧和注意细节。

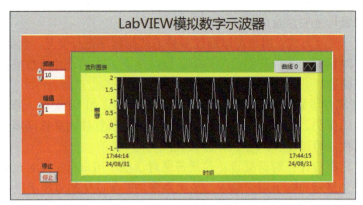

图 2.113　LabVIEW 模拟数字示波器前面板

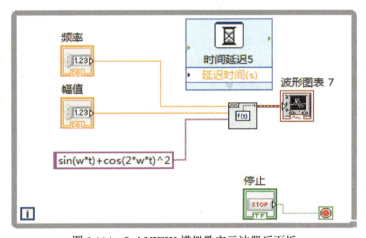

图 2.114　LabVIEW 模拟数字示波器后面板

2.9　LabVIEW 信号仿真

　　激光光谱中常用信号发生器设备输出一些周期性波形用于激光器波长调谐和调制、数据采集卡触发等，相比而言，基于软件的仿真信号具有成本低、灵活性高、可重复性好、易于修改和更新等优势。LabVIEW 通过其强大的功能和灵活的程序设计方法，使得用户能够轻松地创建和调整各种波形，无论是基本的正弦波、三角波、方波和锯齿波，还是复杂的任意波形，都能通过 LabVIEW 轻松实现。

　　LabVIEW 信号仿真函数位于后面板"函数"选板→"信号处理"→"波形生成"子选板中，如图 2.115 和图 2.116 所示。利用这些波形生成函数可以快速仿真输出不同类型的波形信号和混合波形信号，以下将依此介绍相关"波形生成"函数中各个子函数控件的操作流程。

图 2.115   LabVIEW 函数中"信号处理"选板

图 2.116   "波形生成"子选板

2.9.1   正弦波形

"正弦波形" VI 生成含有正弦波的波形,位于"函数"选板→"信号处理"→

"波形生成"→"正弦波形"，节点图标及端口定义如图 2.117 所示。参数解释如图 2.118 所示。

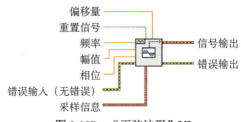

图 2.137　"正弦波形" VI

`DBL` 偏移量指定信号的直流偏移量。默认值为0.0。

`TF` 重置信号如值为TRUE，相位可重置为相位控件的值，时间标识可重置为0。默认值为FALSE。

`DBL` 频率是波形频率，以赫兹为单位。默认值为10。

`DBL` 幅值是波形的幅值。幅值也是峰值电压。默认值为1.0。

`DBL` 相位是波形的初始相位，以度为单位。默认值为0。如重置信号为FALSE，则VI忽略相位。

`F-H` 错误输入（无错误）表明节点运行前发生的错误。该输入将提供标准错误输入功能。

`998` 采样信息包含采样信息。

　　`DBL` Fs是每秒采样率。默认值为1000。

　　`DBL` #s是波形的采样数。默认值为1000。

`～` 信号输出是生成的波形。

`H` 错误输出包含错误信息。该输出将提供标准错误输出功能。

图 2.118　"正弦波形" VI 参数

实例：演示"正弦波形" VI 生成正弦波形信号，程序框图如图 2.119 所示。

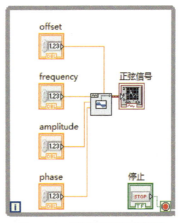

图 2.119　正弦波形程序框图

操作步骤如下。

（1）在"函数"选板上选择"编程"→"结构"→"While 循环"函数，拖动合适大小的矩形框,在循环条件接线端红色按钮上鼠标右击选择"创建输入控件"。

（2）在"函数"选板上选择"信号处理"→"波形生成"→"正弦波形"函数,拖动到循环内部。

（3）单击"正弦波形"函数端点鼠标右击"创建"→"输入控件",依次创建频率、幅值、偏移量、相位输入控件。

（4）打开前面板,在"控件"选板上选择"新式"→"图形"→"波形图"控件。

（5）打开后面板,将正弦波形函数信号输出端点连接到波形图输入端。

（6）修改控件标签,输入频率和幅值数值。

（7）单击运行按钮⬡,运行 VI,单击幅值和时间的最大值、最小值进行修改为合适数值。鼠标右击波形图取消"自动调整 X 标尺"、"自动调整 Y 标尺",在前面板显示运行结果,如图 2.120 所示。

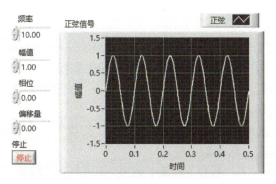

图 2.120　正弦信号仿真前面板结果

2.9.2　方波波形

方波是占空比为 50% 的矩形波,它是一种非正弦周期函数的波形。"方波波形" VI 生成含有方波的波形,位于"函数"选板→"信号处理"→"波形生成"→"方波波形",节点图标及端口定义如图 2.121 所示。

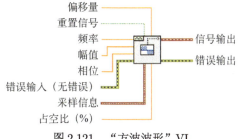

图 2.121　"方波波形" VI

实例：演示"方波波形" VI 生成方波波形信号,程序框图如图 2.122 所示。

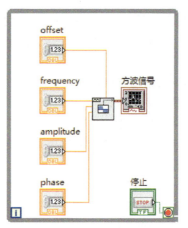

图 2.122　方波波形程序框图

操作步骤如下。

（1）在"函数"选板上选择"编程"→"结构"→"While 循环"函数，拖动合适大小的矩形框，在循环条件接线端红色按钮上鼠标右击选择"创建输入控件"。

（2）在"函数"选板上选择"信号处理"→"波形生成"→"方波波形"函数，拖动到循环内部。

（3）单击"方波波形"函数端点鼠标右击"创建"→"输入控件"，依次创建频率、幅值、偏移量、相位输入控件。

（4）打开前面板，在"控件"选板上选择"新式"→"图形"→"波形图"控件。

（5）打开后面板，将方波波形函数信号输出端点连接到波形图输入端。

（6）修改控件标签，输入频率和幅值数值。

（7）单击运行按钮，运行 VI，单击幅值和时间的最大值、最小值进行修改为合适数值。鼠标右击波形图取消"自动调整 X 标尺"、"自动调整 Y 标尺"，在前面板显示运行结果，如图 2.123 所示。

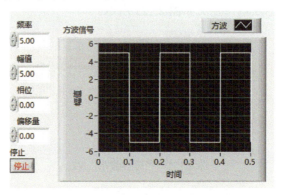

图 2.123　方波波形信号仿真前面板结果

2.9.3　三角波形

"三角波形"VI 生成含有三角波的波形，位于"函数"选板→"信号处理"→"波形生成"→"三角波形"，节点图标及端口定义如图 2.124 所示。

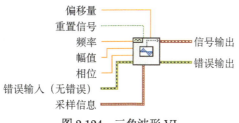

图 2.124　三角波形 VI

实例：演示"三角波形"VI 生成三角波形信号，程序框图如图 2.125 所示。

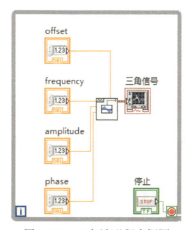

图 2.125　三角波形程序框图

操作步骤如下。

（1）在"函数"选板上选择"编程"→"结构"→"While 循环"函数，拖动合适大小的矩形框，在循环条件接线端红色按钮上鼠标右击选择"创建输入控件"。

（2）在"函数"选板上选择"信号处理"→"波形生成"→"三角波形"函数，拖动到循环内部。

（3）单击"方波波形"函数端点鼠标右击"创建"→"输入控件"，依次创建频率、幅值、偏移量、相位输入控件。

（4）打开前面板，在"控件"选板上选择"新式"→"图形"→"波形图"控件。

（5）打开后面板，将方波波形函数信号输出端点连接到波形图输入端。

（6）修改控件标签，输入频率和幅值数值。

（7）单击运行按钮▣，运行 VI，单击幅值和时间的最大值、最小值进行修改为合适数值。鼠标右击波形图取消"自动调整 X 标尺"、"自动调整 Y 标尺"，在前面板显示运行结果，如图 2.126 所示。

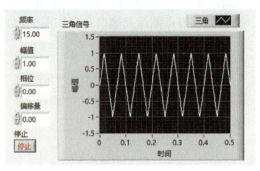

图 2.126   三角信号仿真前面板结果

2.9.4   锯齿波形

"锯齿波形" VI 生成含有锯齿波的波形，位于"函数"选板→"信号处理"→"波形生成"→"锯齿波形"，节点图标及端口定义如图 2.127 所示。

图 2.127   "锯齿波形" VI

实例：演示"锯齿波形" VI 产生锯齿波形信号，程序框图如图 2.128 所示。

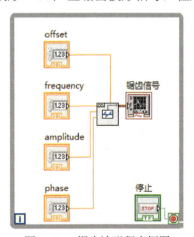

图 2.128   锯齿波形程序框图

操作步骤如下。

（1）在"函数"选板上选择"编程"→"结构"→"While 循环"函数，拖动合适大小的矩形框，在循环条件接线端红色按钮上鼠标右击选择"创建输入控件"。

（2）在"函数"选板上选择"信号处理"→"波形生成"→"锯齿波形"函数，拖动到循环内部。

（3）单击"锯齿波形"函数端点鼠标右击"创建"→"输入控件"，依次创建频率、幅值、偏移量、相位输入控件。

（4）打开前面板，在"控件"选板上选择"新式"→"图形"→"波形图"控件。

（5）打开后面板，将锯齿波形函数信号输出端点连接到波形图输入端。

（6）修改控件标签，输入频率和幅值数值。

（7）单击运行按钮⬚，运行 VI，单击幅值和时间的最大值、最小值进行修改为合适数值。鼠标右击波形图取消"自动调整 X 标尺"、"自动调整 Y 标尺"，在前面板显示运行结果，如图 2.129 所示。

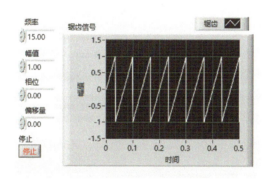

图 2.129　锯齿信号仿真前面板结果

2.9.5　仿真信号

在"函数"选板→"信号处理"→"波形生成"子选板中，有个"仿真信号"VI，它可以仿真正弦波、方波、三角波、锯齿波和噪声，仿真信号 VI 默认图标如图 2.130 所示，在配置对话框选择信号类型后，其图标会发生改变，仿真正弦波的节点图标及端口定义如图 2.131 所示。

图 2.130　"仿真信号"VI

图 2.131   "仿真信号" VI 添加正弦波后

将"仿真信号"VI 放在程序框图后，弹出如图 2.132 所示的"配置仿真信号"对话框，在信号类型下拉列表框可以改变仿真信号类型。

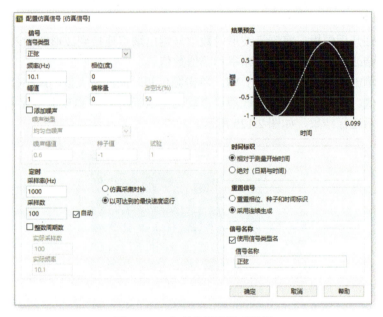

图 2.132   仿真信号配置对话框

下面将对"配置仿真信号"对话框中的各个选项进行介绍。

1. 信号

包含下列选项：

（1）信号类型：模拟的波形类别。可模拟正弦波、方波、锯齿波、三角波或噪声（直流）。

（2）频率（Hz）：波形频率，以赫兹为单位。默认值为 10.1。

（3）相位（度）：波形初始相位，以度为单位。默认值为 0。

（4）幅值：波形的幅值。默认值为 1。

（5）偏移量：信号的直流偏移。默认值为 0。

（6）占空比（%）：方波在一个周期内高电平所占的百分比。默认值为 50。

（7）添加噪声：向模拟波形添加噪声。

（8）噪声类型：指定向波形添加的噪声类型。只有勾选添加噪声复选框时，才可使用该选项。

信号在配置过程中可添加的噪声类型如下：

（1）均匀白噪声：生成包含均匀分布伪随机序列的信号，该序列值的范围是 $[-a:a]$，a 是幅值的绝对值。

（2）高斯白噪声：生成包含高斯分布伪随机序列的信号，该序列的统计分布为 $(\mu, sigma) = (0, s)$，s 是标准差的绝对值。

（3）周期性随机噪声：生成包含周期性随机噪声（PRN）的信号。

（4）Gamma 噪声：生成包含伪随机序列的信号，序列的值是等待均值为 1 的泊松过程中发生阶数次事件的时间。

（5）泊松噪声：生成包含伪随机序列的信号，序列的值是速率为 1 的泊松过程在指定的时间均值中，离散事件发生的次数。

（6）二项噪声：生成包含二项分布伪随机序列的信号，值为某个随机事件在重复试验中发生的次数，给定事件发生的概率和重复的次数。

（7）Bernoulli 噪声：生成包含 0 和 1 伪随机序列的信号。

（8）MLS 序列：生成最大长度的 0、1 序列，它由阶数为多项式阶数的模 2 本原多项式生成。

（9）逆 F 噪声：生成包含连续噪声的波形，其频率谱密度在指定的频率范围内与频率成反比。

（10）噪声幅值：信号的最大绝对值。默认值为 0.6。只有在噪声类型下拉菜单中选择均匀白噪声或逆 F 噪声时，该选项才可用。

（11）标准差：生成噪声的标准差。默认值为 0.6。只有在噪声类型下拉菜单中选择高斯白噪声时，该选项才可用。

（12）频谱幅值：仿真信号的频域的幅值。默认值为 0.6。只有在噪声类型下拉菜单中选择周期性随机噪声时，该选项才可用。

（13）阶数：指定均值为 1 的泊松过程的事件次数。默认值为 0.6。只有在噪声类型下拉菜单中选择 Gamma 噪声时，该选项才可用。

（14）均值：指定速率为 1 的泊松过程的间隔。默认值为 0.6。只有在噪声类型下拉菜单中选择泊松噪声时，该选项才可用。

（15）试验概率：试验为 TRUE 的概率。默认值为 0.6。只有在噪声类型下拉菜单中选择二项分布的噪声时，该选项才可用。

（16）取 1 概率：信号的元素为 TRUE 的概率。默认值为 0.6。只有在噪声类型下拉菜单中选择 Bernoulli 噪声时，该选项才可用。

（17）多项式阶数：指定用于生成信号的模 2 本原项式的阶数。默认值为 0.6。

只有在噪声类型下拉菜单中选择 MLS 序列时，该选项才可用。

（18）种子值：大于 0 时，可使噪声采样发生器更换种子值。默认值为–1。LabVIEW 为重入 VI 的每个实例单独保存其内部的种子值状态。对于具体的 VI 实例，如种子值小于等于 0，LabVIEW 不为噪声发生器更换种子值，噪声发生器可继续生成噪声的采样，作为之前噪声序列的延续。

（19）指数：指定反幂率谱形状的指数。默认值为 1。只有在噪声类型下拉菜单中选择逆 F 噪声时，该选项才可用。

2. 定时

包含下列选项：

（1）采样率（Hz）：每秒采样速率。默认值为 1000。

（2）采样数：信号的采样总数。默认值为 100。

（3）自动：设置采样数为采样率（Hz）的 1/10。

（4）仿真采集时钟：仿真类似于实际采样率的采样率。

（5）以可达到的最快速度运行：在系统允许的条件下尽可能快地对信号进行仿真。

（6）整数周期数：设置最近频率和采样数，使波形包含整数个周期。

（7）实际采样数：表明选择整数周期数时，波形中的实际采样数量。

（8）实际频率：表明选择整数周期数时，波形的实际频率。

3. 时间标识

包含下列选项：

（1）相对于测量开始时间：相对时间-显示时间标识，即从 0 起经过的秒数。例如，相对时间 100 对应于 1 分钟 40 秒。

（2）绝对（日期与时间）：显示时间标识，自 1904 年 1 月 1 日星期五 12:00 a.m（通用时间[01-01-1904 00:00:00]）以来无时区影响的秒数。

4. 重置信号

包含下列选项：

（1）重置相位、种子和时间标识：重置相位为相位值，时间标识设为 0。重置种子值为–1。

（2）采用连续生成：对信号进行连续仿真。不重置相位、时间标识或种子值。

5. 信号名称

包含下列选项：

（1）使用信号类型名——使用默认信号名。

（2）信号名称——勾选"使用信号类型名"复选框后，显示默认的信号名。

6. 结果预览：显示仿真信号的预览

实例：应用"仿真信号"VI 结合条件结构选择生成不同类型的信号波形，程序框图如图 2.133 所示。

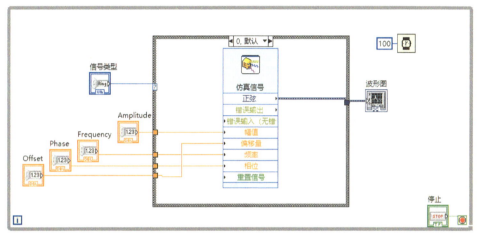

图 2.133 程序框图

操作步骤如下。

（1）在"函数"选板上选择"编程"→"结构"→"While 循环"函数，拖动合适大小的矩形框，在循环条件接线端红色按钮上鼠标右击选择"创建输入控件"。

（2）在"函数"选板上选择"编程"→"结构"→"条件结构"函数，拖动合适大小的矩形框在 While 循环内部，条件结构默认为"真"、"假"两个分支，鼠标右击"在后面添加分支"添加两个额外的分支。

（3）在"控件"选板上选择"新式"→"下拉列表与枚举"→"文本下拉列表"控件，标签更改为信号类型，选中控件鼠标右击"属性"→"下拉列表类的属性"窗口→"编辑项"进行插入信号类型，如图 2.134 所示。

（4）在"函数"选板上选择"信号处理"→"波形生成"→"仿真信号"函数，放置 4 个函数到循环内部，并配置信号类型为正弦、方波、三角、锯齿波。

（5）在函数输入端创建频率、幅值、相位、偏移量等参数输入控件并将其放在 While 循环内部，条件结构外面。将条件结构的选择器标签改为 0、1、2、3，选择其中一个分支鼠标右击"本分支设置为默认分支"。

（6）将 4 个仿真信号根据下拉列表类的属性配置时的值与选择器标签一一对应，如图 2.135 所示。

图 2.134　"下拉列表类的属性"窗口

图 2.135　条件结构框图

（7）将频率、幅值、相位、偏移量输入控件连接仿真信号 VI 对应的输入端。将信号类型文本下拉列表连接到条件结构"分支选择器"上。

（8）在"函数"选板上选择"定时"→"等待"函数，创建常量为 100 ms。

（9）打开前面板，在"控件"选板上选择"新式"→"图形"→"波形图"控件连接到条件结构的每一个分支的仿真信号 VI 的输出端，简单进行布局，前面板运行结果如图 2.136 所示。

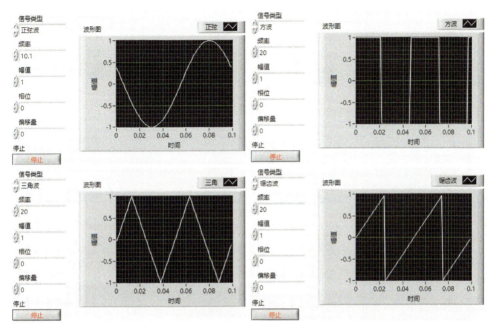

图 2.136　前面板运行结果

2.9.6　基本函数发生器

"基本函数发生器"VI 根据信号类型、采样信息、占空比及频率的输出量来产生波形，位于"函数"选板上选择"信号处理"→"波形生成"→"基本函数发生器"。"基本函数发生器"VI 的图标及端点定义如图 2.137 所示。

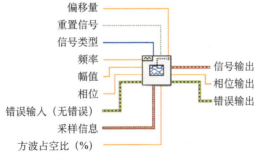

图 2.137　基本函数发生器 VI

实例：应用基本函数发生器 VI 产生不同类型的信号波形，程序框图如图 2.138 所示。

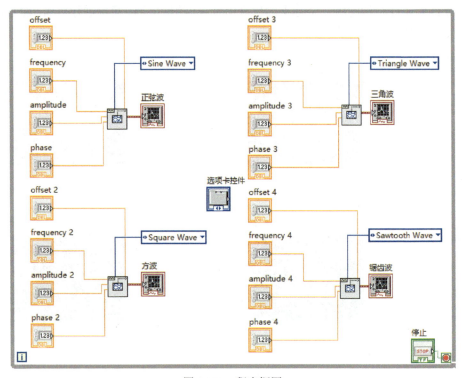

图 2.138　程序框图

操作步骤如下。

（1）在"函数"选板上选择"编程"→"结构"→"While 循环"函数，拖动合适大小的矩形框，在循环条件接线端红色按钮上鼠标右击选择"创建输入控件"。

（2）在"控件"选板上选择"新式"→"容器"→"选项卡"控件，默认为两个选项卡，鼠标单击右键"在后面添加选项卡"命令，创建 4 个选项卡并修改名称。

（3）在"函数"选板上选择"信号处理"→"波形生成"→"基本函数发生器"函数，放置 4 个函数到循环内部。

（4）在"信号类型"输入端创建常量，分别设置为 Sine Wave、Square Wave、Triangle Wave、Sawtooth Wave，在相应的函数输入端创建频率、幅值、相位、偏移量输入控件。

（5）打开前面板，在"控件"选板上选择"新式"→"图形"→"波形图"控件创建 4 个波形图放入对应选项卡中，依次更改标签为正弦波、方波、三角波、锯齿波。简单进行布局，前面板如图 2.139 所示。

（6）将基本函数发生器输出端与对应的波形图进行连线，并简单整理程序框图。

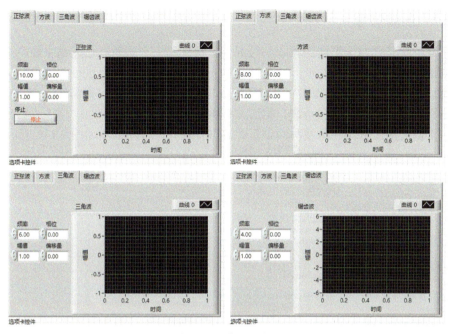

图 2.139 前面板布局

（7）单击运行按钮⊡，运行 VI，在前面板显示运行结果，如图 2.140 所示。

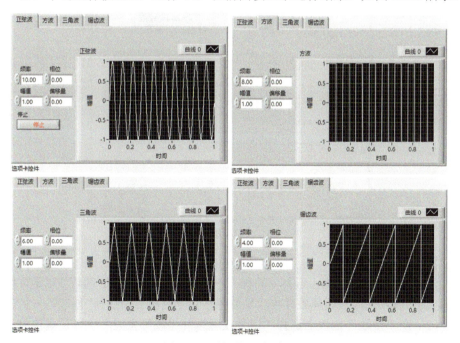

图 2.140 前面板运行结果

2.9.7 混频信号

混频就是把两个不同的频率信号混合，得到第三个频率。在光谱中经常见到的就是把高频正弦信号与低频三角波信号相加进行混频，从而进行波长调制。在"函数"选板→"信号处理"→"波形生成"子选板中，有"仿真信号"VI，它可以仿真正弦波、方波、三角波、锯齿波和噪声。

实例：演示低频三角波与高频正弦波进行混频，程序框图如图 2.141 所示。

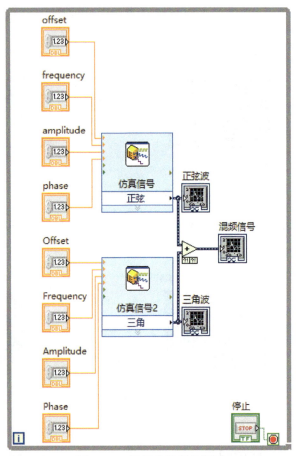

图 2.141 混频信号程序框图

操作步骤如下。

（1）在"函数"选板上选择"编程"→"结构"→"While 循环"函数，拖动合适大小的矩形框，在循环条件接线端红色按钮上鼠标右击选择"创建输入控件"。

（2）在"函数"选板上选择"信号处理"→"波形生成"→"仿真信号"函数，拖动到循环内部，然后进行正弦信号配置，整数周期数打钩，复制仿真信号

VI 更换信号类型为三角波，整数周期数打钩。

（3）单击两个"仿真信号"VI 端点鼠标右击"创建"→"输入控件"，依次创建频率、幅值、偏移量、相位输入控件，打开前面板，将上述输入控件标签改为对应的信号类型标签如正弦波频率、正弦波幅值、三角波频率、三角波幅值等。

（4）打开前面板，在"控件"选板上选择"新式"→"图形"→"波形图"控件，创建三个波形图并依次更改标签为正弦波、三角波、混频信号。将正弦波频率、正弦波幅值、三角波频率、三角波幅值分别改为 400、1、5、1。简单进行布局，前面板如图 2.142 所示。

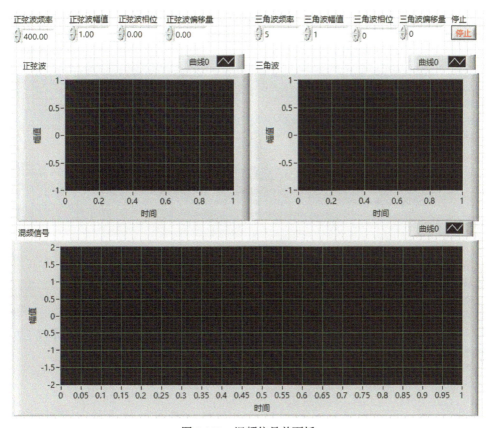

图 2.142　混频信号前面板

（5）打开后面板，在"函数"选板上选择"数值"→"加"，拖到 While 循环函数内部。

（6）将正弦波波形图、三角波波形图与 2 个仿真信号输出端进行连线，然后两个波形图连接到"加"左端两个端点，右端连接到混频信号波形图。

（7）单击运行按钮，运行 VI，在前面板显示运行结果，如图 2.143 所示。

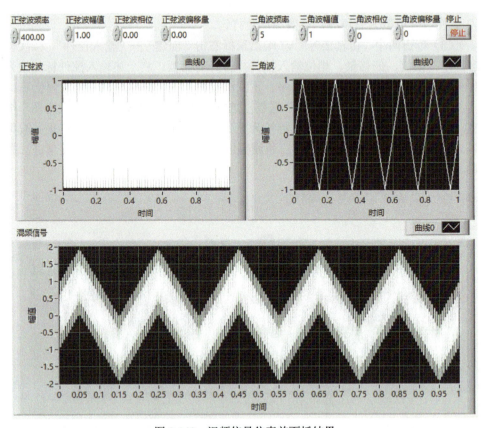

图 2.143   混频信号仿真前面板结果

2.9.8   基本混合单频

"基本混合单频" VI 生成波形，它是整数个周期的单频正弦之和，位于"函数"选板上选择"信号处理"→"波形生成"→"基本混合单频"。"基本混合单频" VI 的图标及端点定义如图 2.144 所示。

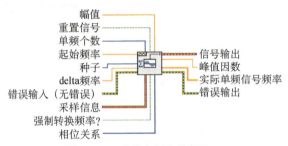

图 2.144   "基本混合单频" VI

2.9.9　基本带幅值混合单频

　　"基本带幅值混合单频" VI 生成波形，它是整数个周期的单频正弦之和，位于 "函数" 选板上选择 "信号处理" → "波形生成" → "基本带幅值混合单频"。"基本带幅值混合单频" VI 的图标及端点定义如图 2.145 所示。

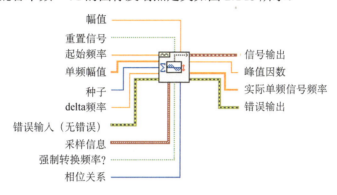

图 2.145　"基本带幅值混合单频" VI

2.9.10　混合单频信号发生器

　　"混合单频信号发生器" VI 生成波形，它是整数个周期的单频正弦之和，位于 "函数" 选板上选择 "信号处理" → "波形生成" → "混合单频信号发生器"。"混合单频信号发生器" VI 的图标及端点定义如图 2.146 所示。

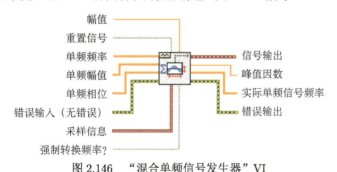

图 2.146　"混合单频信号发生器" VI

2.9.11　混合单频与噪声波形

　　"混合单频与噪声波形" VI 生成由正弦单频、噪声和直流偏移组成的波形，位于 "函数" 选板上选择 "信号处理" → "波形生成" → "混合单频与噪声波形"。"混合单频与噪声波形" VI 的图标及端点定义如图 2.147 所示。

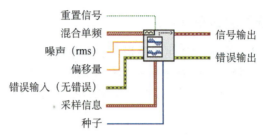

图 2.147　"混合单频与噪声波形" VI

2.9.12　公式波形

　　"公式波形" VI 通过公式字符串指定要使用的时间函数，创建输出波形，位于"函数"选板上选择"信号处理"→"波形生成"→"公式波形"。"公式波形" VI 的图标及端点定义如图 2.148 所示。

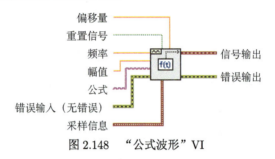

图 2.148　"公式波形" VI

2.9.13　均匀白噪声波形

　　"均匀白噪声波形" VI 生成均匀分布的伪随机波形，值在[−a:a]之间，a 是幅值的绝对值，位于"函数"选板上选择"信号处理"→"波形生成"→"均匀白噪声波形"。"均匀白噪声波形" VI 的图标及端点定义如图 2.149 所示。

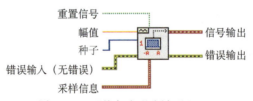

图 2.149　"均匀白噪声波形" VI

2.9.14　高斯白噪声波形

　　"高斯白噪声波形" VI 生成高斯分布伪随机序列的信号，统计分布为(0,s)。s 指定标准差的绝对值，位于"函数"选板上选择"信号处理"→"波形生成"→"高斯白噪声波形"。"高斯白噪声波形" VI 的图标及端点定义如图 2.150 所示。

图 2.150　"高斯白噪声波形" VI

2.9.15　周期性随机噪声波形

"周期性随机噪声波形" VI 生成包含周期性随机噪声（PRN）的波形，位于"函数"选板上选择"信号处理"→"波形生成"→"周期性随机噪声波形"。"周期性随机噪声波形" VI 的图标及端点定义如图 2.151 所示。

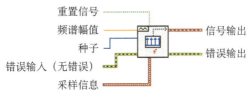

图 2.151　"周期性随机噪声波形" VI

2.9.16　反幂律噪声波形

"反幂律噪声波形" VI 生成连续噪声波形，功率谱密度在指定的频率范围内与频率成反比，位于"函数"选板上选择"信号处理"→"波形生成"→"反幂律噪声波形"。"反幂律噪声波形" VI 的图标及端点定义如图 2.152 所示。

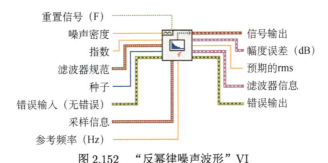

图 2.152　"反幂律噪声波形" VI

2.9.17　Gamma 噪声波形

"Gamma 噪声波形" VI 生成包含伪随机序列的信号，序列的值是均值为 1 的泊松过程中发生阶数次事件的等待时间，位于"函数"选板上选择"信号处理"→"波形生成"→"Gamma 噪声波形"。"Gamma 噪声波形" VI 的图标及端点定义如图 2.153 所示。

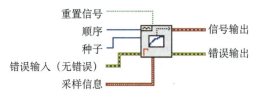

图 2.153   "Gamma 噪声波形" VI

2.9.18   泊松噪声波形

"泊松噪声波形" VI 生成值的伪随机序列，值为在单位速率的泊松过程的均值指定的间隔中发生的离散事件的数量，位于"函数"选板上选择"信号处理"→"波形生成"→"泊松噪声波形"。"泊松噪声波形" VI 的图标及端点定义如图 2.154 所示。

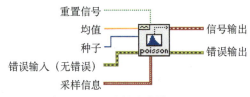

图 2.154   "泊松噪声波形" VI

2.9.19   二项分布噪声波形

"二项分布噪声波形" VI 生成二项分布的伪随机模式，值为随机事件在重复试验中发生的次数，事件发生的概率和重复的次数已知，位于"函数"选板上选择"信号处理"→"波形生成"→"二项分布噪声波形"。"二项分布噪声波形" VI 的图标及端点定义如图 2.155 所示。

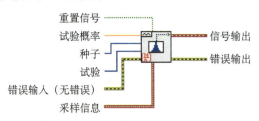

图 2.155   "二项分布噪声波形" VI

2.9.20   Bernoulli 噪声波形

"Bernoulli 噪声波形" VI 生成由 1 和 0 组成的伪随机模式。取 1 概率接线端指定取 1 的概率（1–取 1 概率），指定取 0 的概率。如取 1 的概率为 0.7，则信号输出为 1 的概率为 70%，输出为 0 的概率为 30%。位于"函数"选板上选择"信号处理"→"波形生成"→"Bernoulli 噪声波形"。"Bernoulli 噪声波形"VI 的图标及端点定义如图 2.156 所示。

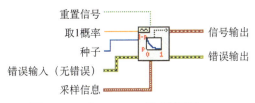

图 2.156 "Bernoulli 噪声波形"VI

2.9.21 MLS 序列波形

"MLS 序列波形"VI 生成包含最大长度的 0、1 序列，该序列由阶数为多项式阶数的模 2 本原多项式生成，位于"函数"选板上选择"信号处理"→"波形生成"→"MLS 序列波形"。"MLS 序列波形"VI 的图标及端点定义如图 2.157 所示。

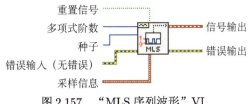

图 2.157 "MLS 序列波形"VI

第3章 LabVIEW 编程应用篇

　　LabVIEW 开发环境不仅可以在 Windows、Linux 和 Mac 系统环境中运行，还可以运行在多种嵌入式平台中，包括 FPGA（Field Programmable Gate Array）、DSP（Digital Signal Processor）和微处理器，而且 LabVIEW 版本均提供英语、法语、德语、韩语、日语和简体中文版本。LabVIEW 采用图形化高级 G 编程语言，通过直观的编程方式、与所有仪器的无缝连接以及完全集成的用户界面，可显著提升测试系统开发的效率。采集数据和分析方面，LabVIEW 拥有数千个工程分析函数，可在采集数据时通过图形化编程加速开发，采用拖放式编程和数据流编程模式，将句法抽象化，更接近于物理模型，图形化编程还提供了比传统脚本语言更直观的体验，无需复杂的编码，LabVIEW 固有的并行性支持多任务和多线程处理。此外，LabVIEW 可将测量数据转化为切实可行的见解，用户可借助 LabVIEW 丰富的内置函数直接来分析采集的数据、保存结果并自动生成数据分析报告，可使用模板自动生成 HTML、PowerPoint 和 PDF 等常见文件格式的报告，并按需要的方式和位置进行数据存储和保存，可以各种文件格式（如 TDMS、CSV、二进制和 XML）保存到本地驱动程序、数据库或云端。仪器控制和通讯方面，LabVIEW 亦拥有大量驱动程序库，包括串行、GPIB、以太网和 USB 等通讯方式用于连接几十种数据通信协议、总线和格式的函数，摆脱各种商业化仪器通讯连接束缚，尤其是 NI-VISA 驱动程序支持与各种仪器进行通信，无需考虑接口类型，LabVIEW 简化了可靠、高速的通信，通过 LabVIEW 附加软件支持数据和工业通信协议。此外，LabVIEW 还支持多种编程语言，可以直接调用其他语言算法，提高语言灵活性和集成度。例如借助 Python 节点，用户可以选择版本、调试和使用虚拟环境；MATLAB 节点为 LabVIEW 带来了高级分析、算法设计和仿真功能。此外，DLL 和.NET 程序集调用库函数和构造器节点可在 LabVIEW 中实现 C/C++和.NET 代码的复用，帮助用户调用现有的动态链接库和程序集，简化编程过程和提高开发效率。

　　学习完 LabVIEW 编程基础知识，本章将重点围绕光谱信号仿真理论和 LabVIEW 仿真程序设计、信号处理中 LabVIEW 滤波算法设计、LabVIEW 数据采集 DAQ 操作和串口通讯、LabVIEW 锁相放大器和 LabVIEW PID 控制器设计等编程应用，为未来开展深入的科学研究和工程实践奠定基础。

3.1 LabVIEW 光谱信号仿真理论

19 世纪 60 年代麦克斯韦提出光本质上是一种电磁波，而爱因斯坦于 1905 年提出了光电效应的光量子解释，首次将粒子特性赋予光波，并在 1909 年有了光的波粒二象性的思想，直到 1924 年德布罗意提出了"物质波"假说，进一步揭示了光的波粒二象性，即同时具有波动性和粒子性。光能够在不同介质中传播，并且与物质相互作用时表现出复杂的特性，这种独特的性质使得光在科学和日常生活中扮演着至关重要的角色。光遇到介质发生相互作用过程主要呈现出反射、散射、折射、吸收或透射、干涉、衍射和绕射等现象，依据这些过程和相关物理机制而发展出各种光谱分析法或技术。吸收光谱理论作为众多新型光谱技术的核心原理，是光谱理论仿真和实验研究的前提基础。为此，本书将以吸收光谱的基本知识为基础，结合光谱数据库和 LabVIEW 软件重点介绍相关光谱物理量的理论仿真设计。

3.1.1 朗伯-比尔定律

如图 3.1 所示假设一束光通过某一均匀介质时，光和介质发生相互吸收过程，那么入射光强 $I_0(\lambda)$ 和透射光强 $I(\lambda)$ 之间满足朗伯-比尔定律（Lambert-Beer Law），具体数学表达式可描述为

$$I(\lambda) = I_0(\lambda)\exp(-\alpha(\lambda)L) \tag{3.1}$$

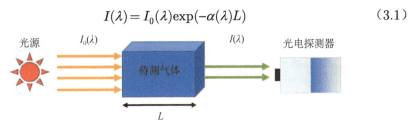

图 3.1 气体吸收光谱检测原理示意图

依据朗伯-比尔定律，通过简单数学换算过程，可推导出光谱学中常用的透射函数 τ，其数学表达式如下：

$$\tau = \frac{I(\lambda)}{I_0(\lambda)} = \exp(-\alpha(\lambda)L) \tag{3.2}$$

式中，$\alpha(\lambda)$ 为吸收系数，L 是光与介质相互吸收过程的有效光程，$\alpha(\lambda)L$ 为吸收量，其中吸收系数 $\alpha(\lambda)$ 与待测气体分子的吸收线型、线强和分子数有关，单个谱

线的吸收系数可表示为

$$\alpha(\lambda) = \phi(\lambda - \lambda_0)S(T)N \tag{3.3}$$

式中，$S(T)$ 为分子吸收谱线强；N 为吸收介质分子数；而 $\phi(\lambda - \lambda_0)$ 为分子吸收线型函数，与气体分子所处的压力环境和物理机制有关，数学上其满足归一化条件：

$$\int_{-\infty}^{\infty} \phi(\lambda - \lambda_0)\mathrm{d}\lambda = 1 \tag{3.4}$$

分子吸收谱线强度 $S(T)$ 则代表分子在特定频率或波长处对光子的吸收强弱，且是温度的函数，其表达式为

$$S(T) = S_0 \frac{Q_v(T_0)Q_r(T_0)}{Q_v(T)Q_r(T)} \exp\left\{-\frac{hcE_0}{k}\left(\frac{1}{T} - \frac{1}{T_0}\right)\right\} \tag{3.5}$$

其中，S_0 是参考温度 T_0 下的线强，Q 是配分函数，h 是普朗克常量，c 是真空中的光速，E_0 是分子跃迁的低能级能量。$\dfrac{Q_v(T_0)}{Q_v(T)}$ 近似等于 1，$\dfrac{Q_r(T_0)}{Q_r(T)}$ 近似表达为 $\left(\dfrac{T_0}{T}\right)^n$，式（3.5）可变形为

$$S(T) = S_0 \left(\frac{T_0}{T}\right)^n \exp\left\{-\frac{hcE_0}{k}\left(\frac{1}{T} - \frac{1}{T_0}\right)\right\}, \quad \left\{\begin{array}{l} n = 1,\ 线性分子 \\ n = 1.5,\ 非线性分子 \end{array}\right\} \tag{3.6}$$

3.1.2　分子吸收线型函数

由量子力学中不确定性原理带来的限制、环境介质对分子跃迁能级的影响以及分子间相互作用等物理机制引起的谱线加宽效应，可以将加宽类型大致归纳为自然加宽、多普勒加宽和碰撞加宽，这些加宽所满足的线型函数可分为：高斯（Gauss）线型函数、洛伦兹（Lorentz）线型函数和福格特（Voigt）线型函数。

1. 高斯线型函数

理论上任何气态分子都是在持续的运动中，分子无规则的热运动所导致的不均匀加宽，通常称为多普勒加宽（Doppler Broadening），其随机分布满足麦克斯韦（Maxwell）分布，理论上可用高斯分布函数来描述：

$$\phi_D(v) = \frac{1}{\Delta v_D}\sqrt{\frac{\ln 2}{\pi}}\exp\left\{-\ln 2\left(\frac{v-v_0}{\Delta v_D}\right)^2\right\} \tag{3.7}$$

其中，v_0 表示吸收谱线的中心频率，Δv_D 表示高斯线型函数的半高半宽（HWHM），可表示为

$$\Delta v_D = v_0\sqrt{\frac{2RT\ln 2}{Mc^2}} = 3.58\times10^{-7}\,v_0\sqrt{\frac{T}{M}} \tag{3.8}$$

式中，M 为分子摩尔质量，$R=8.314$ 为理想气体常数（J/（K·mol）），T 为环境温度（K）。可见，多普勒加宽与分子所处的环境温度有关，且低压环境下，以多普勒加宽为主。

2. 洛伦兹线型函数

当气态分子间发生碰撞时，能量转移导致能级的加宽。此过程类似自然加宽，属于均匀加宽，当分子间的碰撞效应占据主导地位时，理论上可由洛伦兹线型函数描述，其分布函数表达式如下：

$$\phi_L(v) = \frac{1}{\pi}\frac{\Delta v_L}{(v-v_0)^2 + (\Delta v_L)^2} \tag{3.9}$$

其中，Δv_L 表示洛伦兹线型函数的 HWHM，v_0 表示吸收谱线的中心频率。洛伦兹线型中加宽系数主要包括自加宽系数 γ_{Self} 和外加宽系数，痕量气体测量中，外加宽通常为空气加宽系数 γ_{Air}，同时半宽存在一定的温度依赖特性。因而，洛伦兹线宽计算公式可表达为

$$\Delta v_L = \gamma_{\text{Self}}P_{\text{Self}}\left(\frac{T_0}{T}\right)^{n_{\text{Self}}} + \gamma_{\text{Air}}(P_0 - P_{\text{Self}})\left(\frac{T_0}{T}\right)^{n_{\text{Air}}} \tag{3.10}$$

考虑到此两个参数和分压有关，n 为温度依赖的系数，温度系数 n 一般在 $0.5\sim0.8$ 范围。P_{Self} 为吸收气体自身分压，参考压力 $P_0 = 1\text{atm}$（$1\text{atm} = 1.01325\times10^5\,\text{Pa}$）。受分子碰撞效应的影响，高压环境下，以洛伦兹加宽为主。

3. 福格特线型函数

理论上，气体的温度和压力都不可能为零，所以多普勒加宽和碰撞加宽效应

总是同时存在。低压下，多普勒加宽占主导地位，即 $\Delta\tilde{v}_D > 10\Delta\tilde{v}_L$ 时，高斯线型可以较好地描述分子吸收谱线线型；高压下，碰撞加宽占主导地位，即 $\Delta\tilde{v}_L > 5\Delta\tilde{v}_D$ 时，洛伦兹线型可较好地描述分子吸收谱线线型。鉴于中间情况，需要同时考虑两种加宽效应的影响，通过将高斯线型与洛伦兹线型进行卷积，得到的线型函数称为福格特线型，表达式可描述为

$$\phi_V(v) = \int_{-\infty}^{+\infty} \phi_D(u) \cdot \phi_L(v-u)\mathrm{d}u \qquad (3.11)$$

鉴于其数学计算的复杂性，通常以怀特明（Whitting）近似表达式来表示：

$$\phi_v(v) = \phi_v(v_0)\left\{ \begin{array}{l} (1-x)\exp(-0.693y^2) + \dfrac{x}{1+y^2} \\ +0.016(1-x)x\left[\exp(-0.0841y^2) - \dfrac{1}{1+0.021y^{2.25}}\right] \end{array} \right\} \qquad (3.12)$$

$$\phi_V(v_0) = \frac{1}{2\Delta v_V(1.065 + 0.447x + 0.058x^2)} \qquad (3.13)$$

其中，$x = \dfrac{\Delta v_L}{\Delta v_V}$，$y = \dfrac{|v-v_0|}{\Delta v_V}$，$\Delta v_V = 0.5346\Delta v_L + \sqrt{0.2166\Delta v_L^2 + \Delta v_D^2}$，$\Delta v_L$ 为洛伦兹线型半高半宽，Δv_D 为高斯线型半高半宽，Δv_V 为福格特线型半高半宽。多年来，随着光谱学理论的逐步发展，为提高实际计算过程的高效性和准确性，诸多光谱学者分别提出一系列福格特线型的近似表达式。

光谱信号反演气体浓度过程中，通常利用积分吸收面积与气体分子数或浓度之间的正比例关系，通过对吸收信号进行光谱拟合，可得到分子的积分吸收面积 A 的表达式如下：

$$A = \int_{-\infty}^{\infty} \alpha(\lambda)L\mathrm{d}\lambda = \int_{-\infty}^{\infty} S(T)\phi(\lambda - \lambda_0)NL\mathrm{d}\lambda \qquad (3.14)$$

由于分子吸收线型函数数学上满足归一化条件，上式积分计算过程可进一步化简为

$$A = S(T)NL \qquad (3.15)$$

而特定条件下气体总分子数与物理环境温度 T 和压力 P 有关，定义为 $N(T,P)$，则其数学表达式可描述为

$$N(T,P) = \frac{P}{P_0} \cdot N_0 \cdot \frac{T_0}{T} \tag{3.16}$$

其中，$N_0 = 2.6875 \times 10^{19} \text{mol}/(\text{cm}^3 \cdot \text{atm})$ 为标准状态下理想气体的分子数，参考温度 $T_0 = 296\,\text{K}$，参考压力 $P_0 = 1\,\text{atm}$。故此特定实验条件下总分子数 $N(T,P)$ 与吸收气体分子数 N，以及相对浓度 C 之间满足的关系为

$$C = \frac{N}{N(T,P)} \times 100\% \tag{3.17}$$

由上式可见，在激光吸收光谱测量气体浓度过程中，在吸收光程、环境温度和压力已知的条件下，利用测量光谱信号计算出分子吸收光谱的积分面积，即可直接反演出吸收气体的相对浓度，这也是直接吸收光谱被称为"免校正"光谱的本质和优势。反之，在分子谱线参数测量实验中，利用纯气体样品在特定压力下的分子数已知，结合以上所述公式，亦可以反演出分子吸收谱线的线强或其他光谱参数。

3.1.3 光谱数据库

光谱仿真需要借助分子的谱线参数和线型函数，以及特定环境条件下的物理量参数，如：温度、压力和吸收光程，才能进行相关光谱物理量的仿真计算。目前，光谱学领域最具有代表性的为美国哈佛·史密松天体物理中心 L. S. Rothman 博士领导建立的高分辨率大气分子数据库（High-resolution Transmission Molecular Absorption Database，HITRAN），HITRAN 数据库源于 20 世纪 60 年代，美国空军剑桥研究室（Air Force Cambridge Research Laboratories，AFCRL），多年来对该数据库每四年更新一次，2024 年已发展更新到最新版本 HITRAN2024，涵盖了典型大气中几十种气体分子及其同位素（如 H_2O、碳氢和氮氧化合物等）的谱线参数，如谱线位置、线强、自加宽/空气加宽系数、下能级能量、温度依赖指数等。为便于广大科研工作者使用，HITRAN 数据库免费提供了基于 PC 机的 JavaHAWKS（HITRAN Atmospheric Workstation）模拟软件和基于网页的在线模拟平台（HITRAN online），如图 3.2 和图 3.3 所示为两种不同模拟软件平台的界面图。

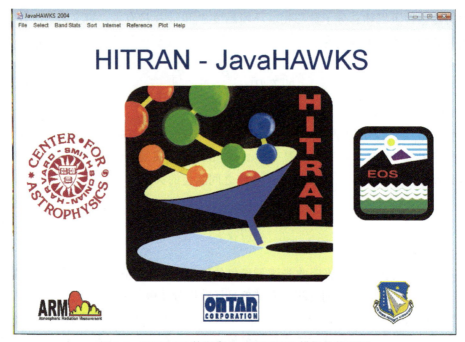

图 3.2　HITRAN 数据库 JavaHAWKS 模拟软件界面

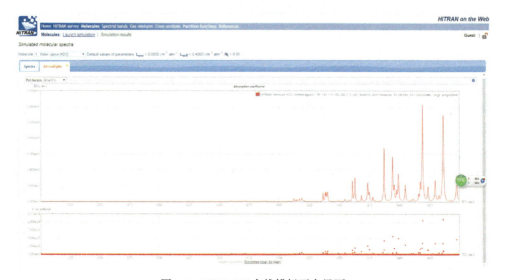

图 3.3　HITRAN 在线模拟平台界面

　　HITRAN 数据库中给出的相关谱线参数格式及定义分别如图 3.4 和图 3.5 所示。近年来，为了推动该数据库的广泛应用，该数据库还专门开发了基于开源 Python 软件的模拟程序代码，极大丰富了数据库的使用方式。

Example of 100-character HITRAN line-transition format.

MoL/Iso	ν_{ij}	S_{ij}	R_{ij}	γ_{air}	γ_{self}	E''	n_{air}	δ_{air}	iv'	iv"	q'	q"	ierr	iref
21	800.451076	3.197E-26	6.579E-05	.0676	.0818	2481.5624	.78	.000000	14	6		P 37	465	2 2 1
291	800.454690	9.724E-22	1.896E-02	.0845	.1750	369.6303	.94	.000000	9	1	341619	331519	000	4 4 1
291	800.454690	3.242E-22	2.107E-03	.0845	.1750	369.6303	.94	.000000	9	1	341619	331419	000	4 4 1
121	800.455380	1.037E-22	1.657E-03	.1100	.0000	530.3300	.75	.000000	32	14	46 640	45 540	000	4 4 1
121	800.455380	1.037E-22	1.657E-03	.1100	.0000	530.3300	.75	.000000	32	14	46 740	45 640	000	4 4 1
101	800.456743	1.680E-23	1.659E-04	.0670	.0000	851.0494	.50	.000000	2	1	45 244 0-	44 143 0-	301	6 6 1
101	800.457015	1.710E-23	1.689E-04	.0670	.0000	851.0469	.50	.000000	2	1	45 244 1-	44 143 1-	301	6 6 1
101	800.457310	1.740E-23	1.718E-04	.0670	.0000	851.0442	.50	.000000	2	1	45 244 2-	44 143 2-	301	6 6 1
121	800.457760	4.726E-23	4.614E-03	.1100	.0000	920.0900	.75	.000000	32	14	502922	492822	000	4 4 1
121	800.457760	4.726E-23	4.614E-03	.1100	.0000	920.0900	.75	.000000	32	14	502922	492722	000	4 4 1
24	800.465942	9.792E-27	6.063E-04	.0754	.1043	1341.2052	.69	.000000	8	3		R 13	425	2 2 1
121	800.466160	1.061E-22	2.720E-03	.1100	.0000	632.1200	.75	.000000	32	14	471236	461136	000	4 4 1
121	800.466160	1.061E-22	2.720E-03	.1100	.0000	632.1200	.75	.000000	32	14	471136	461036	000	4 4 1
35	800.472900	3.878E-26	6.919E-04	.0686	.0871	629.0354	.76	.000000	2	1	1814 4	1713 5	455	5 5 1
101	800.473083	1.270E-23	1.254E-04	.0670	.0000	851.0095	.50	.000000	2	1	45 244 0+	44 143 0+	301	6 6 1
101	800.474860	1.210E-23	1.195E-04	.0670	.0000	851.0064	.50	.000000	2	1	45 244-1+	44 143-1+	301	6 6 1
31	800.475500	1.680E-24	3.617E-05	.0653	.0890	1092.4340	.76	.000000	2	1	51 547	50 248	002	1 1 2
291	800.476220	9.597E-22	6.010E-03	.0845	.1750	361.9747	.94	.000000	9	1	341420	331320	000	4 4 1
291	800.476220	3.199E-22	6.010E-03	.0845	.1750	361.9747	.94	.000000	9	1	341520	331420	000	4 4 1
101	800.476937	1.160E-23	1.145E-04	.0670	.0000	851.0037	.50	.000000	2	1	45 244-2+	44 143-2+	301	6 6 1
101	800.484334	1.740E-23	2.153E-05	.0670	.0000	106.0760	.50	.000000	2	1	8 4 4-1+	9 3 7-1+	301	6 6 1

图 3.4　HITRAN 数据库参数的格式

Example of 100-character HITRAN line-transition format.

FORTRAN Format (I2,I1,F12.6,1P2E10.3,0P2F5.4,F10.4,F4.2,F8.6,2I3,2A9,3I1,3I2) corresponding to:					
Mol	I2	Molecule number	E''	F10.4	Lower state energy in cm⁻¹
Iso	I1	Isotopologue number (1= most abundant, 2= second most abundant,etc.)	n_{air}	F4.2	Coefficient of temperature dependence of air-broadened half-width
ν_{ij}	F12.6	Wavenumber in cm⁻¹	δ_{air}	F8.6	Air-broadened pressure shift of line transition in cm⁻¹/atm @ 296K
S_{ij}	E10.3	Intensity in cm⁻¹ /(molecule x cm⁻²) @ 296K	iv',iv"	2I3	Upper-state global quanta index, lower-state global quanta indices
R_{ij}	E10.3	Weighted transition moment-squared in Debyes	q',q"	2A9	Upper-state local quanta, lower-state local quanta
γ_{air}	F5.4	Air-broadened half-width (HWHM) in cm⁻¹/atm @ 296K	ierr	3I1	Uncertainty indices for wavenumber, intensity, and air-broadened half-width
γ_{self}	F5.4	Self-broadened half-width (HWHM) in cm⁻¹/atm @ 296K	iref	3I2	Indices for table of references corresponding to wavenumber, intensity, and half-width

图 3.5　HITRAN 数据库参数的定义

　　针对高温燃烧领域，HITRAN 数据库的创建者们还专门建立了一个高温分子光谱数据库（High-Temperature Molecular Spectroscopic Database，HITEMP），包含 H_2O、CO_2、CO、NO、OH 等分子的高温谱线参数，最高温度达 1000 K 以上。针对大气 CO_2 分子建立的高温数据库（Carbon Dioxide Spectroscopic Databank，CDSD），从最初的 CDSD-296，陆续发展出 CDSD-1000 和 CDSD-4000 版本。目前该数据库已包含最高温度达 5000 K 的 CO_2 分子谱线参数。

　　除了 HITRAN 数据库之外，国际上还有法国气候动力学实验室负责的 GEISA 数据库，法国兰斯大学与俄罗斯科学院大气光学研究所联合开发的针对大气 O_3 等气体的光谱数据库，德国马克斯·普朗克学会化学研究所与美茵茨大学联合建立的针对 NO 分子的可见和紫外光谱数据库，美国华盛顿大学虚拟行星实验室针对其感兴趣的分子亦建立自己的数据库，并给出了相关数据库的网页链接。

　　针对挥发性有机物此类大分子，美国西北太平洋国家实验室（Pacific Northwest National Laboratory，PNNL）和美国国家标准技术局物理计量实验室分别建立了 PNNL 数据库和 NIST（National Institute of Standards and Technology）数据库，其中包含了大量化学物质的光谱数据。尤其是 PNNL 数据库包含了 400 余

种有机化合物的吸收光谱参数，图 3.6 给出了 PNNL 数据库的查询平台截图。该
数据库的数据主要通过傅里叶光谱仪（Bruker-66V FTIR）实验获得，吸收单位
为 $ppm^{-1} \cdot m^{-1}$（即浓度为百万分之一的样品经过长度为 1 m 的光程的吸收），且
在计算分子吸收深度/吸收系数过程中采用的公式是以 log10 为对数，与常规计算
方法中以 ln 为对数之间存在 $\ln(10) \approx 2.303$ 比例关系。此外，针对太阳系外的行
星、褐矮星和冷恒星等星球中存在的热分子光谱，英国伦敦大学学院的学者们还
建立了非常温下的热分子光谱参数数据库。

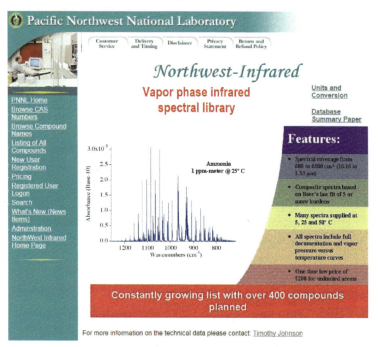

图 3.6   美国 PNNL 红外光谱数据库查询平台

3.2   LabVIEW 光谱仿真程序设计

HITRAN 数据库包括了上百种大气中常见气体分子的吸收光谱参数，如 H_2O、
CO_2、CH_4 等，为国际上广大光谱研究工作者提供了重要的参考。然而，HITRAN
在线光谱模拟功能存在无法实现不同分子或混合物气体成分的模拟研究，且只能
在线模拟等不足之处。为此，开展大气分子光谱模拟计算软件的自主编写，实现
多种气体成分离线仿真计算和模拟等具有重要的科学意义。

吸收光谱仿真模拟的理论依据是"朗伯-比尔"定律，主要涉及分子谱线参数
（谱线位置、线强、加宽系数等）、吸收线型模型、环境参数（温度、压力、浓度
和光程）、模拟物理量类型（吸收系数、吸光度、吸收截面、透射函数），以及仿

真结果显示和保存等辅助功能。据此设计思路,编写的 LabVIEW 大气分子光谱模拟仿真程序前面板截面如图 3.7 所示。前面板界面设计主要分为:光谱模拟参数设置、图形显示窗口和数据保存界面三个部分。

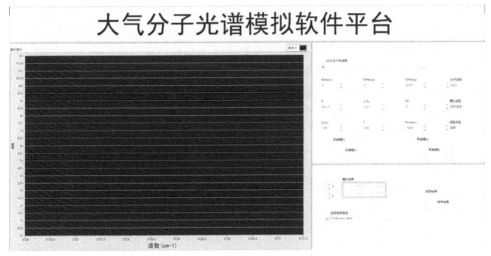

图 3.7 LabVIEW 大气分子光谱模拟仿真程序前面板

1. 光谱模拟参数设置

光谱模拟参数设置区域界面如图 3.8 所示,主要由 1 个文件路径输入控件、9 个数值控件、3 个下拉菜单控件和 2 个布尔按钮控件构成。该界面包含模拟参数获取模块、所需模拟分子选择模块、模拟类型选择模块、模拟线型选择模块和开始模拟按钮 5 个部分。每个参数和模块都分别由相应的数值输入控件输入和下拉菜单控件选择,每个控件的输入参数分类和功能类型分类由控件上方的标签标识。

图 3.8 光谱模拟参数设置区域界面

按照模拟需求，部分参数设置的方式分为"手动输入"和"txt 文本文档读取"谱线参数两种方式，前者需要手动输入模拟相关参数，后者直接读取含有参数的 txt 文本文档以获得模拟所需的谱线参数，两种模拟方式所需其他部分参数已在"分子选择功能"中预设。

1）txt 文本文档读取参数输入模式

如图 3.9 所示，txt 文本文档读取参数功能需要通过文件路径输入控件确定含有参数的 txt 文本文档后，利用程序读取参数来实现。将含有参数的 txt 文本文档的正确路径输入该控件中，当单击模拟控件时，程序会自动读取 txt 文本文档中所含参数。所建立的 txt 文本文档中包含的谱线参数主要参考 HITRAN 光谱数据库提供的数据，如图 3.10 所示自定义为 5 列数据，分别为：中心波数 v_0，线强 S，空气加宽 γ_{Air}，自加宽 γ_{Self}，温度依赖系数 n，下能级能量 E''。

图 3.9　参数读取控件

6320.058773	8.01E-26	0.074	0.1	0.7	1391.6078
6320.068749	7.29E-30	0.0659	0.075	0.74	2218.0295
6320.06882	1.90E-29	0.088	0.12	0.7	2589.7257
6320.070915	1.53E-30	0.0678	0.083	0.74	3069.0042
6320.073744	2.39E-26	0.0692	0.088	0.74	1750.9606

图 3.10　文本下载格式

2）手动输入参数模式

如图 3.11 所示，"WNmin"是模拟光谱范围最小波数值，"WNmax"是模拟光谱范围最大波数值，这两个控件控制模拟光谱的范围。例如 N_2O 在波数 $2128.85655\ cm^{-1}$ 处有吸收峰，就可将"WNmin"设置为"2128"，将"WNmax"设置为"2129"。

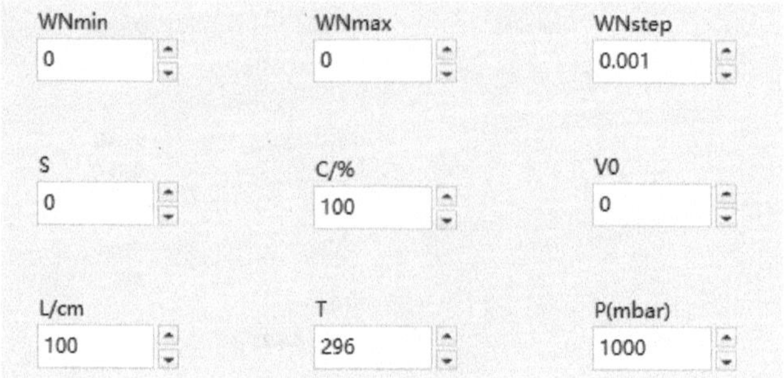

图 3.11　参数设置

"WNstep"是模拟光谱的波数步进，该控件控制相邻两个刻度之间的间隔，即光谱分辨率。图例中,"WNstep"预设为 0.001,即当"WNmin"被设置为"2128"时,下一个波数为"2128.001"。

"S"代表分子的吸收线强,是与温度有关的函数。通过"S"控件输入的谱线线强应为中心波数所对应的线强。该控件的数值显示方式预设为科学记数法,显示 12 个有效数字。

"C"是所选分子的浓度,"C/%"控件输入模拟气体分子的浓度(单位为百分比),软件预设的浓度为 100%,表示单一成分纯气体样品。

"V0"是吸收峰的中心波数,对每一个吸收峰的模拟都需要通过"V0"控件输入该模拟谱线的中心波数。该控件的数值显示方式预设为双精度,显示 12 个有效数字。

"L"是光程,代表光与气体介质相互吸收过程的"有效"光程,"L/cm"控件输入光程(单位为厘米),预设的长度为 100 cm。

"T"是温度,"T"控件输入模拟温度(单位为开尔文),预设的温度为 296 K。

"P"是压强,"P(mbar)"控件输入模拟压强(单位为毫巴,1bar=10^5 Pa),预设的压强为 1000 mbar。

3)分子类型选择

如图 3.12 所示为拟选择的模拟分子,该功能由下拉菜单"分子选择"控件控制,预设了 H_2O、CO_2、O_3、N_2O、CO、CH_4、O_2、NO、SO_2、NO_2 和 NH_3 共 11 种气体分子以及各个分子对应的部分参数。通过该功能控件,选择所需模拟的分子,可通过程序自动加载与该分子相关的部分参数,如空气加宽、自加宽、温度依赖系数和分子摩尔质量,各种分子谱线参数的具体数值可直接从 HITRAN 数据库获取或自行通过实验测量获得。当选择"多峰模拟"时,该功能所包含的参数中只有分子摩尔质量这一参数会被程序加载。

图 3.12 分子选择

4)模拟物理量类型选择

如图 3.13 所示为拟需要模拟的物理量类型,依据"朗伯-比尔"定律,"模拟类型"下拉菜单控件中设置了"吸收系数"、"吸光度"、"吸收截面"和"透射函数"4 个类型物理量,通过改变选项来获得与其对应的模拟光谱类型。注意:在软件运行过程中改变该选项时,需要重新单击一下模拟按钮才能更新为新选择的物理量模拟结果。

5)模拟线型选择

如图 3.14 所示,模拟线型选择功能中设置了"高斯"、"洛伦兹"、"福格特"三种典型的线型模型选项,分别对应"高斯"线型函数、"洛伦兹"线型函数和"福格特"线型函数。通过改变线型选项,可实现对三种不同线型的光谱模拟。注意:

在软件运行过程中，当重新改变了线型选项和各类参数设置时，需要重新单击一下模拟按钮，才能在显示窗口中显示新参数条件下的模拟图形。

图 3.13   模拟类型   图 3.14   模拟线型选择

以波数范围在 $6320\sim6340\ cm^{-1}$ 之间的 CO_2 分子为例，模拟条件：CO_2 浓度为 100%，温度为 296 K，压强为 10 mbar，线型模型选择为高斯函数线型时，模拟物理量为吸收系数的光谱线模拟结果如图 3.15 所示。可见，此光谱范围包含多个相对较强的吸收谱线，绝大多数谱线为弱吸收，且低压线分子谱线加宽效应较小，各个谱线处于相互之间可分辨状态。可通过放大方式或缩小光谱区间范围，查看各个谱线的吸收光谱轮廓。

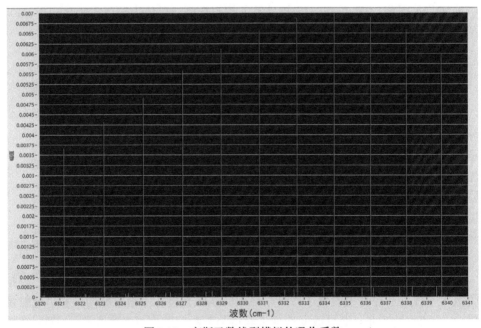

图 3.15   高斯函数线型模拟的吸收系数

如图 3.16 所示为浓度 100%，温度 296K，压强 100 mbar，线型模型选择为福格特函数线型时，相同光谱窗范围模拟下模拟的 CO_2 吸收系数光谱信号。在此压力条件下，各个光谱的吸收轮廓较清晰可分辨。

如图 3.17 所示为浓度 100%，温度 296K，压强 1000 mbar，线型模型选择为洛伦兹函数线型时，相同光谱窗范围模拟下模拟的 CO_2 吸收系数光谱信号。由此

图可见，随着压力的增加，分子谱线加宽效应越明显，绝大多数弱吸收峰已无法
分辨，光谱分辨率降低。

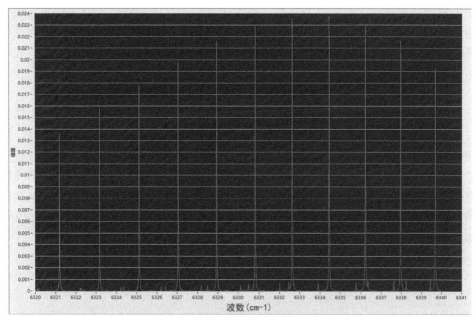

图 3.16　福格特函数线型模拟的吸收系数

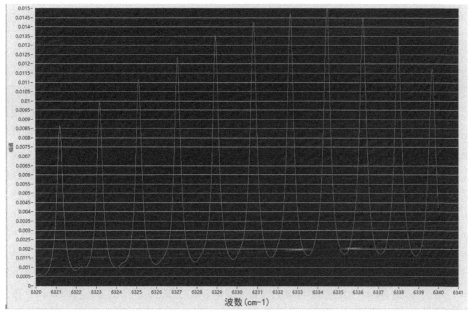

图 3.17　洛伦兹函数线型模拟的吸收系数

实际应用中，高压条件下，分子的多普勒加宽远小于压力加宽，分子的吸收线型是洛伦兹线型占主导地位。低压环境下，多普勒加宽占据主导地位，高斯线型可较好地描述分子吸收谱线线型。鉴于中间情况，需要同时考虑两种加宽效应的影响时，通过将高斯线型和洛伦兹线型进行卷积，得到福格特线型。因而，福格特线型具有更广泛的适用性，是理论模拟和光谱拟合浓度反演等光谱分析处理中较为常用的线型。

6）"多峰模拟"和"单峰模拟"

如图 3.18 所示为"多峰模拟"和"单峰模拟"LabVIEW 控件按钮，依据仿真模拟的光谱窗范围所包含的谱线数量而选择。例如，对于固定的谱线位置，需要仿真研究不同实验条件对谱线的影响时，通常可通过"单峰模拟"对比分析某个吸收光谱对实验参数的依赖特性。在较宽的光谱范围需要确定最佳的光谱线位置时，通常需要通过"多峰模拟"对比分析某个分子光谱随着波长增加或波数减小时的光谱分布特性。程序运行时，只要参数设置正确，两种模拟可以随意切换，都可给出相应的模拟图形和数据。

图 3.18   "多峰模拟"和"单峰模拟"按钮

2. 图形显示窗口

图形显示窗口是为了可视化最终模拟结果，如图 3.19 所示，当完成所有参数的设置，单击"单峰模拟"按钮后，显示窗口展示的是 N_2O 分子在 $2128.9~cm^{-1}$ 附近的福格特线型吸光度模拟结果图。该显示界面使用的控件为"XY 图"控件，图形底部的 X 轴为波数，由波数输入相关控件控制刻度显示范围和刻度间隔；图形左侧的 Y 轴为幅值，由相关参数通过程序进行模拟后得到幅值的显示范围和具体数值。图形显示风格可通过右键该控件，在属性选项中可设置控件属性：①设置数据的显示方式，改变数字精度。X 轴和 Y 轴预设的数据显示方式为科学记数法，保留了 12 位有效数字；②设置图形的文本颜色。预设的图形颜色为红色；③设置界面的网格类型和颜色，以及背景颜色。预设网格颜色为白色，背景为黑色。其他图形显示效果，用户可自行操作学习。

3. 数据保存界面

如图 3.20 所示，该界面由 1 个数组控件、1 个文件路径显示控件和 1 个布尔按钮控件构成。模拟完成后，模拟数据会在"模拟结果"控件中显示，在通过"选

择保存路径"控件选取保存路径之后（默认的保存路径为 F:\labview data），单击
"保存结果"按钮，即可将模拟数据保存写入到 txt 文本文档。保存的文本文档名
已预设为"年月日时间（时分秒）"的格式。文档名示例：如数据保存时间为 2022
年 10 月 18 日 14 时 22 分 53 秒 11 毫秒，则文件名称记为 221018142253.11.txt。

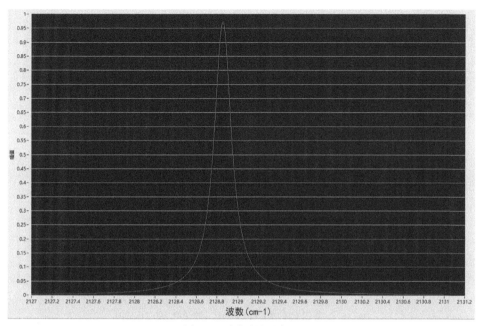

图 3.19　图形显示窗口

图 3.20　数据保存界面

　　虽然以上仿真物理量仅以吸收系数为例介绍了三种线型函数的仿真计算，依
据朗伯-比尔定律，很容易推导出其他相关物理量的数学表达式，显然不难实现吸
收光谱中其他物理量的仿真计算，在此不再赘述。综上所述，整个仿真程序设计

过程包含模拟仿真分子类型、光谱参数初始化设置、物理量类型对应的计算公式，以及文件导入和输出、仿真数据显示等基本操作过程，图 3.21 展示了基于 LabVIEW 软件设计的大气分子光谱模拟仿真程序后面板程序框图结构，部分相似计算过程，采用逻辑结构设计，简化了程序的复杂性。

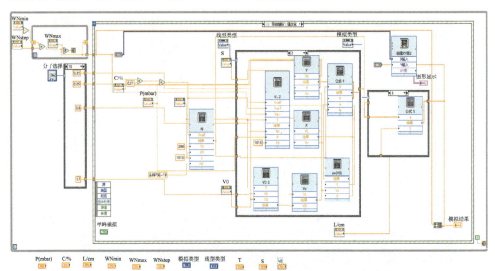

图 3.21　LabVIEW 大气分子光谱模拟仿真程序后面板

3.3　LabVIEW 光谱信号处理

LabVIEW 作为一款强大的图形化编程语言，具有丰富的功能和工具库，非常适合用于开发上位机软件 GUI（图形用户界面），用于实时数据和历史数据的交互，包括数据采集、显示、分析和保存等过程。通过 LabVIEW 上位机 GUI，开发人员可以实现与下位机的通信，获取实时数据并进行实时分析处理。激光吸收光谱测量气体浓度时，首先需要结合朗伯-比尔定律对测量的原始信号进行归一化背景处理，通常是利用高阶多项式对原始吸收光谱进行拟合计算出背景光强信号，再利用吸收线型对归一化后的吸收光谱进行非线性最小二乘拟合，并计算出吸收光谱的积分吸收面积。最后，结合积分吸收面积与吸收介质分子谱线线强和分子数之间的线性依赖关系，以及理想气体分子数公式，即可反演出气体的浓度值。在此，以离线实验介绍吸收光谱浓度反演计算过程中所涉及的几个主要步骤。

3.3.1　数据导入

LabVIEW 离线实验数据处理过程中数据导入程序的设计，主要是通过 LabVIEW 函数选板"文件 I/O"函数选板中"读取文件"函数控件来完成，该选板函数库中包含了多种类型的数据读写操作。在此以科学实验中常用的 txt 文件格式和单列数据存储方式为例，结合"读取文本文件"函数控件和"读取电子表格文件"函数控件来介绍科学数据的导入程序设计过程。首先创建 VI，在 LabVIEW 前面板空白区单击右键显示"控件"选板菜单，选择"字符串与路径"子选板中"文件路径输入"控件用于设置文件路径，同时创建一个图形显示窗口控件用于显示导入的数据；再选择切换到 LabVIEW 后面板，以下将围绕"读取文本文件"函数控件和"读取电子表格文件"函数控件分别介绍离线导入科学实验数据的程序设计过程。

1. "读取文本文件"方式

如图 3.22 所示为"读取文本文件"函数控件框图结构示意图。该函数以只读方式打开文件，从字节流文件中读取指定数目的字符或行，不可用于 LLB 中的文件。如连线函数的引用句柄输出至执行写入操作函数的文件输入端，LabVIEW 将返回权限错误。此时，可使用打开/创建/替换文件函数以默认的读取/写入权限打开文件，然后连线引用句柄至执行读取或写入操作的函数。默认情况下，该函数从文本文件中读取所有字符。连线整数值至计数接线端，可指定从第一个字符起要读取的字符的数量。右键单击函数，在快捷菜单中勾选读取行选项，可从文本文件中读取单独的行。快捷菜单中读取行选项选中时，连线整数值至计数输入端，可指定从第一行开始起要读取的行的数量。例如在计数中输入值−1，将从文本文件中读取所有字符和行。

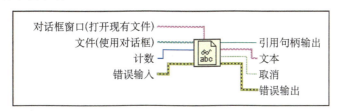

图 3.22 "读取文本文件"函数控件框图结构示意图

"读取文本文件"函数控件需要结合"文件路径输入"控件、字符串函数选板中"匹配模式"函数、"数值/字符串转换"子选板中"分数/指数字符串至数值转换"函数、While 循环函数、信号操作选板中"转换至动态数据"（离线导入数据时此函数可选，在线导入数据时必须选），以及显示窗口控件。右键 While 循环结构的框图并单击创建移位寄存器，移位寄存器总是以一对接线端的形式出现，分别位于循环两侧的边框上，处于相对位置。右侧接线端含有一个向上的箭头，用于存储每次循环结束时的数据；左侧接线端含有一个向下的箭头，用于拿取上次循环结束时的数据，按图所示的连接方式将各个函数端口进行连接。"读取文本文件"函数每读取一个数据检测到换行时，代表当前数据读取完毕，再将字符串数组转换成浮点型数值，通过移位寄存器跳出循环继续读取数据文件中的下一个数值。如图 3.23 所示为基于"读取文本文件"方式创建的离线导入数据程序框图。

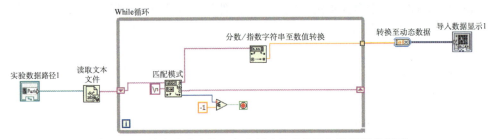

图 3.23　　"读取文本文件"方式创建的离线导入数据程序框图

当以上程序框图设计完成后，切换到 LabVIEW 前面板界面，此时前面板界面只包含"文件路径输入"显示控件和"波形图"显示窗口，学习者可自行进行美化编辑和附加功能操作编辑。单击文件选择路径，选择拟导入的数据文件后，即可在文件路径窗口中显示出路径信息，单击 LabVIEW 程序运行按钮，将在图形显示窗口中看见导入的原始直接吸收光谱图，如图 3.24 所示程序运行结果。

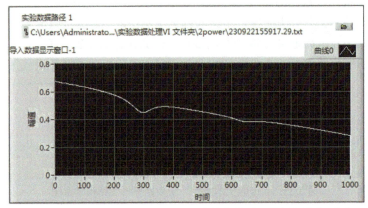

图 3.24　　"读取文本文件"方式创建的离线导入数据程序前面板

2. "读取电子表格文件"方式

如图 3.25 所示为LabVIEW 函数库中"读取电子表格文件"函数控件框图结构示意图，该函数是在数值文本文件中从指定字符偏移量开始读取指定数量的行或列，并使数据转换为双精度的二维数组，数组元素可以是数字、字符串或整数。可见，"读取电子表格文件"函数功能更强大，包含了以上"读取文本文件"方式部分操作步骤。可见，"读取电子表格文件"函数默认读取的是行排列数据格式，可通过该控制输入端中"转置"选项设置是否转置数组，从而实现行排列和列排列数据之间的转换。VI 在从文件中读取数据之前，先打开该文件，并且在完成读取操作后，关闭该文件。使用该 VI 可读取以文本格式存储的电子表格文件，该 VI 将自动调用"电子表格字符串至数组转换"函数转换数据。

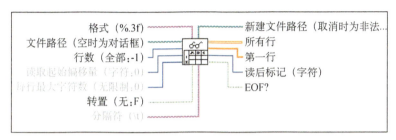

图 3.25　"读取电子表格文件"函数控件框图结构示意图

　　类似以上操作，首先在 LabVIEW 前面板分别创建"文件路径输入"显示控件和"波形图"显示窗口。再切换到 LabVIEW 后面板程序框图编辑区，从函数选板中"文件 I/O"函数自选板创建"读取电子表格文件"函数控件，右键单击该函数图标，选择取消"显示为图标"，上下拉动该图标，即可展现出详细输入端和输出端的具体定义。将"读取电子表格文件"函数控件输入端"文件路径"和输出端"第一行"接线端口分别与显示路径控件和显示图形控件相连接。针对拟导入数据的行排列或列排列类型，在"读取电子表格文件"函数控件的"转置"输入端单击右键选择创建一个"常量"，通过单击所创建的"常量"控件实现转置与否自动切换。数据精度类型选择中包括：双精度、整型和字符串。

　　如图 3.26 所示为基于"读取电子表格文件"方式创建的离线导入数据程序框图，可见此方式创建的程序更简洁，数据读取方式或格式、精度等可依据实际需求自行选择设置。通过简单编辑和装饰前面板，点击 LabVIEW 程序运行按钮，最终程序运行结果如图 3.27 所示。

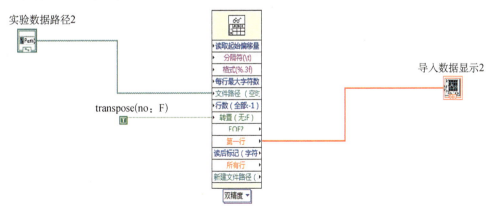

图 3.26　"读取电子表格文件"方式创建的离线导入数据程序框图

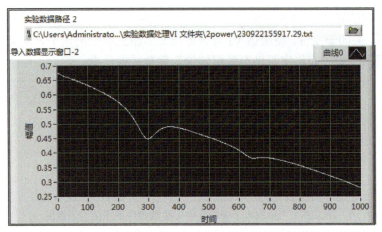

图 3.27　"读取电子表格文件"方式创建的离线导入数据程序前面板

　　科研数据处理中通常会面临大批量的实验数据，显然单次导入的方式无法满足快速高效的数据处理要求。类似于其他脚本语言软件中程序设计，例如 Python软件中 os.listdir()函数，它用于获取指定路径下的所有文件和子目录的名称，返回的结果是一个包含字符串的列表。获取到指定路径下的所有文件列表（List）信息之后，就可以提取出待批量处理数据的文件名，然后利用 For 循环依次导入各个文件进行处理即可。LabVIEW 软件库函数中有个"罗列文件夹"函数位于：函数选板→函数→编程→文件 I/O→高级文件函数→罗列文件夹，如图 3.28 所示。

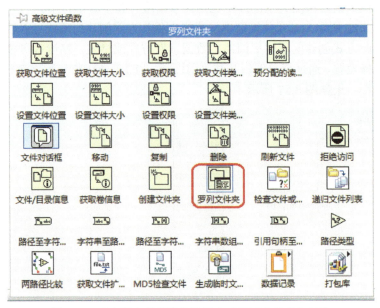

图 3.28　"高级文件函数"选板中"罗列文件夹"函数

"罗列文件夹"函数程序框图结构示意图如图 3.29 所示，该函数返回值是由路径中所有文件和文件夹名称列表构成的两个字符串数组，可通过模式过滤数组，由数据记录类型实现过滤文件名。该函数各个接线端功能和具体定义如下。

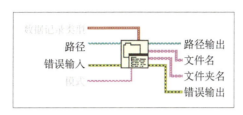

图 3.29 "罗列文件夹"函数程序框图结构示意图

数据记录类型（接线端）：可以是任意数据类型，并限制只返回数据记录文件（包含指定数据类型的记录）的文件名，数据记录包含时间标识簇和前面板数据簇。

路径（接线端）：确定要对内容进行编辑的文件夹，如不存在已有文件夹，函数可设置文件名和文件夹名为空数组并返回错误；如路径指向 VI 库（*.llb），文件名可返回 VI 库的内容，文件夹名称可返回空数组。

错误输入（接线端）：表明节点运行前发生的错误。该输入将提供标准错误输入功能。

模式（接线端）：限制只返回名称与模式匹配的文件和目录。 函数的模式匹配与 Windows 和 Linux 中通配符对文件名的匹配类似，而不同于匹配模式函数和匹配正则表达式函数进行的正则表达式匹配。例如指定问号（?）或星号（*）以外的其他字符，则函数仅显示含有此类字符的文件或目录。问号（?）代表任意单个字符。星号（*）代表任意零字符串或字符串。例如模式为空字符串，VI 可返回所有文件和目录。

路径输出（接线端）：返回无改变的路径。

文件名（接线端）：包含在指定目录中找到的文件的名称。函数无法返回目录中文件夹包含文件的名称。函数按字母顺序对返回的文件名进行排序。

文件夹名（接线端）：包含在指定目录中找到的文件夹的名称。函数按字母顺序对文件夹进行排序。如路径为空，文件夹名包含计算机上的驱动器名称。

错误输出（接线端）：包含错误信息。该输出将提供标准错误输出功能。

了解"罗列文件夹"函数功能和使用要求之后，以下将结合"读取电子表格文件"函数进行批量化导入科研数据的 LabVIEW 程序设计。程序设计思路主要包括：打开批量导入数据所在的文件夹、统计文件夹所有文件信息、按要求导入数据数量、每个数据导入和显示时间间隔，以及当显示当前导入的数据等。据此，利用 For 循环函数、罗列文件夹函数、读取电子表格文件函数和数组子集函数等函数控件设计出可批量导入数据的 LabVIEW 程序如图 3.30 所示。相应的

LabVIEW 前面板界面如图 3.31 所示，通过程序说明备注文字信息对各个显示控件的功能进行解释说明，并对前面进行了简单装饰，提高面板的可视化效果。

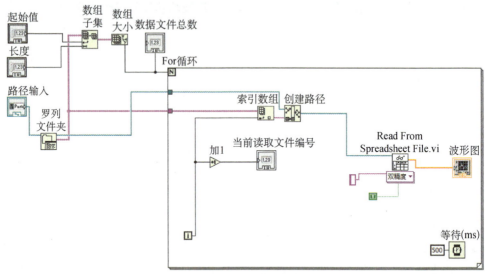

图 3.30　LabVIEW 批量导入数据程序框图

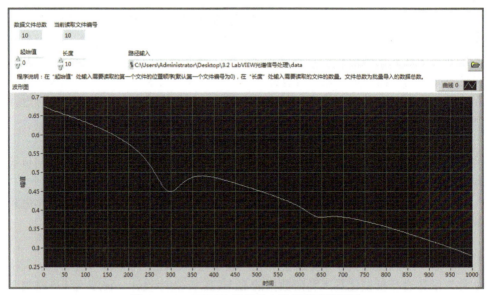

图 3.31　LabVIEW 批量导入数据程序前面板

3.3.2　背景归一化处理

LabVIEW 函数库中包含丰富的各类数学计算函数，如：基本的数值运算、初等与特殊函数、线性代数、拟合、内插与外推、积分与微分、概率与统计、最优化、微分方程、几何、多项式和脚本与公式，如图 3.32 所示，这些函数基本上涵盖了日常科研数据处理中经常涉及的数学运算。可调谐激光吸收光谱信号处理中通常采用理论计算的背景信号代替氮气（N_2）或零空气测量背景信号用于光谱信号归一化处理，理论计算方式主要是通过对实验测量光谱信号中无吸收区域数据进行多项式拟合，通过算法预期和拟合计算出原始背景信号。此外，针对激光吸收光谱中经常遇到的多个吸收峰背景拟合问题，在此结合 LabVIEW "曲线拟合"函数控件介绍相关科学实验数据的背景拟合和归一化处理程序设计过程。

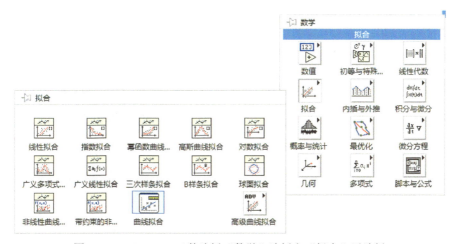

图 3.32　LabVIEW 函数选板 "数学"选板和 "拟合"子选板

首先在 LabVIEW 后面板 "函数"函数选板菜单，选取 "数学"函数选板 "拟合"函数子选板中 "曲线拟合"函数控件，在空白区创建该函数控件，将会自动弹出 "配置曲线拟合"对话框，其中 "模拟类型"选项中包含了线性、二次、样条插值、多项式和广义线性函数选项，如图 3.33 所示。针对可调谐半导体激光器输出光强与驱动电流之间的依赖性，在此选择 "多项式"类型，多项式阶数一般在 3～5 阶即可满足应用要求。

在光谱拟合之前，需要对有效吸收区域进行 "掩饰（Mask）"处理，不含吸收过程的数据范围认为是背景基线。依据拟处理实验数据包含的吸收峰个数和线型加宽情况，处理方法为先将各个吸收峰有效吸收区域数据进行分段 Mask，依据初始设置的 Mask 起点和终点为位置，利用 "索引数组"找出原始测量光谱信号中需要被 Mask 的吸收区域范围数据，再分别利用 "斜坡信号 VI（Ramp Pattern.vi）"对 Mask 数据范围的起点和终点之间数据进行反向重构操作，并用 "替换数组子集"函数将反向重构数据替代原始被 Mask 的吸收区域范围数据。最后，将经过计算获得的不含 "吸收数据"的完整信号数据输入到 "曲线拟合"函数控件进行多项式拟合处理，利用拟合的多项式系数重新计算出原始背景信号数据，整个多项式拟合程序设计框图如图 3.34 所示，其中基线拟合窗口中给出不含凹陷部分的曲线（红色线条为多项式拟合数据）。

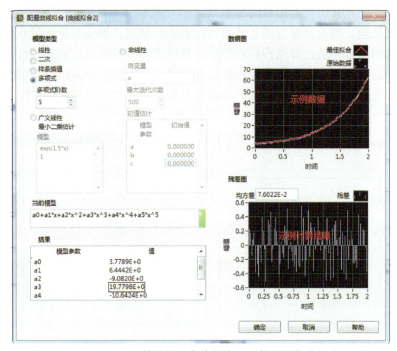

图 3.33　LabVIEW 函数选板"曲线拟合"函数配置曲线拟合对话框

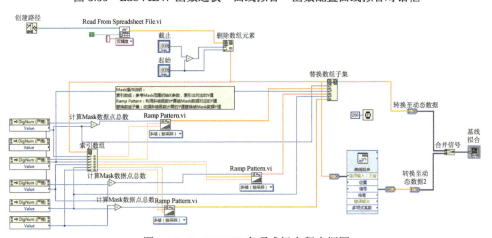

图 3.34　LabVIEW 多项式拟合程序框图

当前国际上光谱学研究人员普遍依赖的大气分子光谱在线模拟平台 HITRAN 提供了不同物理量的模拟输出功能，包括：吸收系数、吸收或吸光度、吸收截面、透射函数。实际上，这些物理量本质都是源于朗伯-比尔定律，各物理量之间通过简单的数学计算即可实现相互转换，如图 3.35 所示归一化窗口给出的吸收信号，即吸收系数与光程的乘积（αL）。

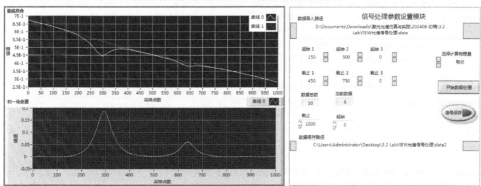

图 3.35　LabVIEW 多项式拟合和归一化处理后的吸收信号

图 3.36 给出了 LabVIEW 多项式拟合和归一化处理后输出的透射谱信号，即吸收后光强信号与原始光强信号之间的比值（I/I_0）。此外，LabVIEW 前面板右侧为信号处理参数设置模块，此部分给出了导入数据路径和输出保存数据路径、开始数据处理和信号保存，以及有效数据范围选择输入控件：截止和起始。起始 1 和截止 1 为第 1 个吸收 Mask 范围选择设置控件，起始 2 和截止 2 为第 2 个吸收 Mask 范围选择设置控件，起始 3 和截止 3 可用于第 3 个吸收峰 Mask 范围选择设置。值得提出的是激光吸收光谱归一化处理过程作为整个信号处理过程中关键步骤，Mask 范围的选取将会直接影响下一步有效吸收面积的拟合计算，进而影响最终浓度反演结果。

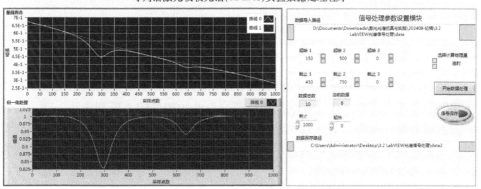

图 3.36　LabVIEW 多项式拟合和归一化处理后输出的透射谱信号

3.3.3　线型拟合和浓度反演

　　实验数据经过上述过程处理之后,可以分别获得朗伯-比尔定律中所描述的吸收后光强信号 I 和吸收之前原始光强信号 I_0 ,据此就可以进行其他物理量的计算。吸收光谱浓度反演过程需要利用所匹配的光谱线型函数(典型的如:低压条件下满足的高斯线型、高压条件下满足的洛伦兹线型,以及介于两者之间的福格特线型)对吸光度或吸收系数光谱进行拟合计算,积分计算过程利用吸收线型函数满足的归一化条件,结合 LM (Levenberg-Marquardt)最小二乘法进行迭代计算出最佳的积分面积。LM 最小二乘法属于一种非线性优化方法,用于解决非线性最小二乘问题,在数值仿真中具有广泛应用。LM 算法的核心在于通过迭代的方式不断更新参数,使得目标函数达到最小值。通过构建误差方程、求取偏导数、计算雅可比矩阵,并根据 LM 算法流程进行参数迭代,最终完成拟合过程。

　　LabVIEW 软件中"数学"函数选板中"拟合"函数子选板的"高级曲线拟合"子选板内包含了一个"非线性曲线拟合"函数,该 VI 函数提供了可自主输入模型公式的 LM 算法功能,如图 3.37 所示为该函数框图结构示意图。创建该函数控件后,右键单击控件图标选择取消"显示为图标",竖直下拉控件图标即可展现各个参数的定义端口。

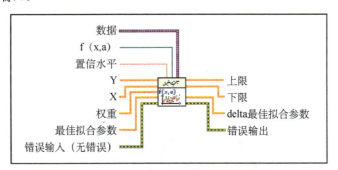

图 3.37　LabVIEW 函数中"非线性曲线拟合"函数框图结构示意图

　　针对以上处理的双峰吸收光谱数据,在此选择理论上所满足的洛伦兹线型函数作为拟合模型函数。在"非线性曲线拟合"函数控件的"模型说明"输入端口单击创建常量,在弹出的参数设置对话框中分别输入洛伦兹线型函数公式、变量和自变量,由于数据处理对象为两个吸收峰,在此输入的洛伦兹线型函数公式为两个洛伦兹函数的叠加形式。注意:虽然每个吸收峰满足的线型函数公式一样,但是为了区分处理,每个函数公式中的变量参数不能一样,而自变量 X 完全一致。

在"模型说明"常量输入区分别输入模型函数公式、变量和自变量。LM 算法迭代计算过程需要对所有变量参数附初始值便于算法参考，通过"非线性曲线拟合"函数控件的"初始参数"输入端口单击创建常量，选择所创建的常量输入控件向下拖拉，生成与模型函数中匹配的变量数。注意：变量初始值输入顺序务必要和"模型说明"常量输入区中变量的定义顺序一致。自变量 X 可以通过导入的数据作为 X 值，亦可以依据 Y 值的长度自主创建一组整数列作为横坐标。拟合结果输出通过"最佳非线性拟合"输出端口输出结果，通过"簇、类和变体选板"函数选板中"捆绑"函数将 X 坐标值和 Y 坐标值一起打包捆绑，并以二位数组的方式输送给波形显示窗口。通过在"最佳拟合参数"输出端口创建一个显示控件，即可在前面板看到程序运行时输出的最佳变量值。激光吸收光谱浓度反演过程，需要多峰拟合输出的关键参数为积分面积 A，依据模型函数中参数定义顺序，利用"索引数组"函数控件输入端设置选择积分面积 A 所对应的数组编号，在其输出端即可输出对应的数组元素。

　　综上所述，针对 2 个吸收光谱峰和洛伦兹线型拟合模型所设计的 LabVIEW 非线性最小二乘拟合双峰光谱程序框图，如图 3.38 所示。最后，通过导入原始光谱数据、多项式拟合计算原始光谱背景信号、归一化处理、线型函数拟合等一系列处理过程，最终输出的拟合结果如图 3.39 中可调谐激光吸收光谱实验数据处理 LabVIEW 程序前面板所示。

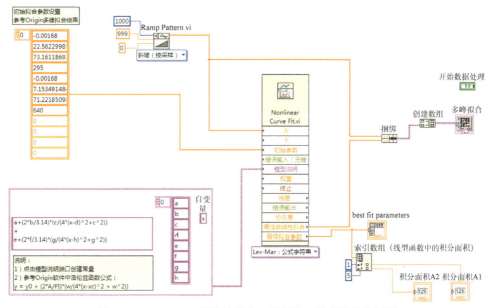

图 3.38　LabVIEW 非线性最小二乘拟合双峰光谱程序框图

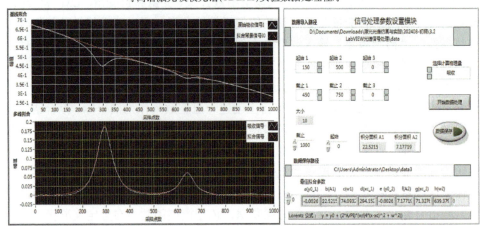

图 3.39 可调谐激光吸收光谱实验数据处理LabVIEW 程序前面板

3.3.4 数据保存

最后，实验数据处理完成之后，需要对处理结果进行数据保存，以供二次分析和调用处理等。LabVIEW 数据存储程序与上述数据导入程序设计相类似。同样利用电子表格函数的强大功能，在此选择创建"写入电子表格文件"函数控件，该函数使字符串、带符号整数或双精度数的二维或一维数组转换为文本字符串，写入字符串至新的字节流文件或添加字符串至现有文件。如图 3.40 所示为"写入电子表格文件"函数控件框图结构示意图。

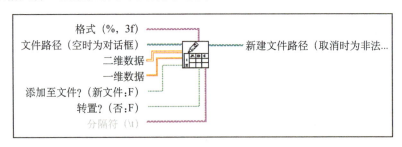

图 3.40 "写入电子表格文件"函数控件框图结构示意图

"写入电子表格文件"函数控件数据类型包括：双精度浮点型、字符串和整型，在使用该 VI 函数转换数据时，该 VI 先打开或创建该文件，并且在完成写操作时，关闭该文件，使用该 VI 可创建能为多数电子表格应用程序读取的文本文件。各个输入端口和输出端口定义分别如下：

abc 格式：指定如何使数字转化为字符。如格式为%.3f（默认），VI 可创建包含数字的字符串，小数点后有三位数字。如格式为%d，VI 可使数据转换为整数，使用尽可能多的字符包含整个数字。如格式为%s，VI 可复制输入字符串，使用格式字符串语法。

　　文件路径：表示文件的路径名。如文件路径为空（默认值）或为（非法路径），VI 可显示用于选择文件的文件对话框。如在对话框内选择取消，可发生错误 43。

　　二维数据：未连线一维数据或为空时包含 VI 写入文件的数据。

　　一维数据：输入值非空时包含 VI 写入文件的数据。VI 在开始运算前可使一维数组转换为二维数组。如转置？的值为 FALSE，对 VI 的每次调用都在文件中创建新的行。

　　添加至文件？（新文件：F）：为 TRUE 时，添加数据至现有文件。如添加至文件？的值为 FALSE（默认），VI 可替换已有文件中的数据。如不存在已有文件，VI 可创建新文件。

　　如转置？（否：F）：值为 TRUE，VI 可在使字符串转换为数据后对其进行转置。默认值为 FALSE。

　　分隔符（\t）：是用于对电子表格文件中的栏进行分隔的字符或由字符组成的字符串。例如，指定用单个逗号作为分隔符。默认值为\t，表明用制表符作为分隔符。

　　新建文件路径：返回文件的路径。

　　数据存储过程主要考虑有数据保存路径、文件格式和文件名称等需求，通常数据都是以 txt 或 excel 格式文件保存，而文件名命名时，可以具体的时间命名，尤其是实验过程采集数据时，为了便于查阅日志，实验数据以当前时间命名将会为未来进行处理分析带来诸多方便。LabVIEW 函数库中"定时"子函数选板中提供了多样化时间操作相关的函数控件，如图 3.41 所示。

图 3.41　LabVIEW"函数"选板中"定时"子函数选板

　　程序设计中需要调用计算机系统时间命名文件名时，需要结合"获取日期/时间（秒）"函数控件和"格式化日期/时间字符串"函数控件，利用"连接字符串"函数控件将输出的时间字符串和自定义的文件格式字符串相合并，输入到"创建路径”控件即可以实现以自定义文件格式和时间命名的 LabVIEW 保存数据程序设计。以 txt 文件格式为例，如图 3.42 所示的 LabVIEW 数据存储程序框图，运行程序输出的文件名为 240915113113.54，代表“年月日时分秒”，其中秒精确到小数点后 2 位数。其他类似的数据保存格式，学习者可结合此程序案例，结合个人需求进行个性化设计学习，在此不再赘述。

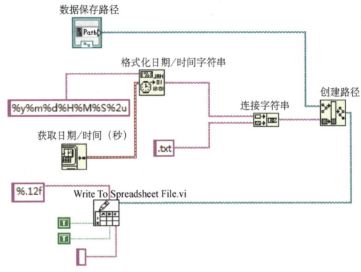

图 3.42　LabVIEW 数据存储程序框图

3.4　LabVIEW 信号处理算法

3.4.1　概述

信号处理（Signal Processing）在科学研究和工程实践中的必要性和重要性不言而喻，所谓“信号处理”是指对各种类型的信号，按各种预期的目的及要求对信号进行提取、变换、分析、综合等处理过程的统称。信号类型广义上可分为模拟信号和数字信号处理，依据信号处理的平台或环境区分，又可以分为硬件方式和软件方式。在信号处理领域，硬件和软件的区别主要体现在以下几个方面。

实现方式：硬件滤波通过专用的滤波器电路实现信号的滤波处理，而软件滤波则是依赖于计算机或嵌入式系统中的软件算法来实现信号的滤波处理。这意味着硬件滤波使用的是专用电路实现，而软件滤波依赖于软件代码。

处理方式：硬件滤波能够快速处理实时信号，适用于对实时性要求较高的应用；软件滤波可以灵活选择算法和参数，适用于需要较高精度和复杂滤波功能的应用。硬件滤波具有实时性，适合对实时性要求高的场景，而软件滤波则具有较高的灵活性和可调性，适合需要复杂滤波算法和灵活调整参数的应用。

成本和复杂度：硬件滤波需要专用的滤波器电路和组件，因此成本相对较高且复杂度也高；软件滤波则可通过计算机或嵌入式系统的处理能力实现，成本低且设计相对简单。显然，在成本和设计复杂性方面，软件滤波具有明显优势。

适用场景：硬件滤波适用于对实时性要求高且滤波功能相对简单的应用，如音频处理和实时数据采集；软件滤波则适用于需要复杂滤波算法和灵活调整参数的应用，如图像处理和信号分析。

综上所述，硬件和软件在信号处理中的应用各有优势，选择哪种技术取决于特定的需求，如实时性要求、成本考虑、设计的复杂性以及所需的滤波功能复杂性等。LabVIEW 提供了进行测试信号分析处理所需的各种类型的数据分析和处理工具，使得用户能够通过 LabVIEW 对测试信号进行基本的分析和处理。LabVIEW 中的信号处理功能主要包括信号生成和信号分析两大类，涵盖了从数据采集到信号特征提取的整个过程。LabVIEW 在信号处理方面提供了丰富的功能和工具，从信号生成到频域分析、数字滤波器设计，再到自适应信号处理技术的实现，都体现了其在电信技术领域的应用价值和优势，如图 3.43 所示为 LabVIEW 函数选板中"信号处理"子函数工具库提供的各种信号处理模块，包括波形生成、波形调理、波形测量、信号生成、信号运算、窗、滤波器、谱分析、变换和逐点，共计 10 个函数模块。

图 3.43 LabVIEW 函数选板中"信号处理"子函数选板

鉴于滤波器、频谱分析和变换在现代激光光谱信号处理中的广泛应用，本章将围绕这三个函数模块介绍科学实验和工程实践中较广泛使用的一些信号处理算法，以及基于 LabVIEW 软件的程序设计。

3.4.2 LabVIEW 数字滤波器

滤波器的主要作用是实现对信号的滤波、提取、增强信号的有用分量、削弱无用的分量，可以分为模拟滤波器和数字滤波器。模拟滤波器通常由电容、电感和电阻组成。模拟滤波器有有源和无源之分，有源滤波器主要由运放、电阻和电容构成，而无源滤波器则主要由 R、L、C 构成。模拟滤波器在电子元器件中有广泛应用，但存在电压漂移、温度漂移和噪声等问题，且参数改变时需要更换电容、电感，操作较为复杂。数字滤波器则是由数字乘法器、加法器和延时单元组成的一种算法或装置，通过对输入离散信号的数字代码进行运算处理，以达到改变信号频谱的目的。数字滤波器可以用计算机软件实现，也可以用大规模集成数字硬件实现。与模拟滤波器相比，数字滤波器不存在电压漂移、温度漂移和噪声等问题，因此可以达到很高的稳定度和精度。数字滤波器的参数改变通常只需要修改系数，操作更为简便。综上所述，模拟滤波器和数字滤波器虽然都是用于信号处理，但它们的实现方式、应用场景和优势各有不同，选择使用哪种滤波器取决于具体的应用需求和技术条件。

如图 3.44 所示，LabVIEW 滤波器函数库中包括 Butterworth 滤波器、Chebyshev 滤波器、反 Chebyshev 滤波器、椭圆滤波器、贝塞尔滤波器、等波纹低通、等波纹高通、等波纹带通、等波纹带阻、反幂律滤波器、零相位滤波器、FIR 加窗滤波器、中值滤波器、Savizky-Golay 滤波器、数字形态滤波器，以及高级 IIR 滤波和高级 FIR 滤波，共计 17 个函数模块。滤波器的选择不仅需要根据具

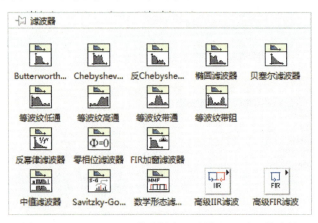

图 3.44 LabVIEW 函数选板中"滤波器"子函数选板

体的应用场景和需求进行分类选择，还需要考虑一系列的技术参数以确保其性能和可靠性，如：频率响应、通带和阻带、阶数、噪声性能、稳定性和复杂性等。

Butterworth 滤波器作为一种经典的滤波器，最先由英国工程师斯蒂芬·巴特沃思（Stephen Butterworth）于 1930 年发表在英国《无线电工程》期刊的一篇论文中。Butterworth 滤波器的特点是通频带内的频率响应曲线最大限度平坦，没有纹波，而在阻频带则逐渐下降为零，亦被称作最大平坦滤波器。类同于 Chebyshev 滤波器，Butterworth 滤波器有高通、低通、带通和带阻等多种类型。在通频带内外都有平稳的幅频特性，但有较长的过渡带，在过渡带上很容易造成失真。如图 3.45 所示为 LabVIEW 滤波器函数库中 Butterworth 滤波器（DBL）函数框图结构示意图。

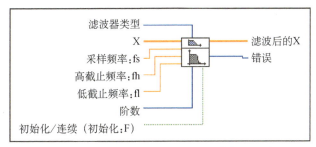

图 3.45　Butterworth 滤波器（DBL）函数框图结构示意图

Butterworth 滤波器的滤波参数主要包括采用频率、高低截止频率和滤波阶数，LabVIEW 函数库中 Butterworth 滤波器的各个端口定义如下：

[DBL] X 是滤波器的输入信号。

[DBL] 采样频率：fs 是 X 的采样频率并且必须大于 0。默认值为 1.0 Hz。如采样频率:fs 小于等于 0，VI 可设置滤波后的 X 为空数组并返回错误。

[DBL] 高截止频率：fh 是高截止频率，以 Hz 为单位。默认值为 0.45 Hz。如滤波器类型为 0（Lowpass）或 1（Highpass），VI 忽略该参数。滤波器类型为 2（Bandpass）或 3（Bandstop）时，高截止频率 fh 必须大于低截止频率 fl，并且满足奈奎斯特（Nyquist）准则。

[DBL] 低截止频率：fl 是低截止频率（Hz），并且必须满足奈奎斯特准则。默认值为 0.125 Hz。如低截止频率:fl 小于 0 或大于采样频率的一半，VI 可设置滤波后的 X 为空数组并返回错误。滤波器类型为 2（Bandpass）或 3（Bandstop）时，低截止频率 fl 必须小于高截止频率 fh。

[I32] 阶数：指定滤波器的阶数且必须要大于 0。默认值为 2。如阶数小于等于 0，VI 可设置滤波后的 X 为空数组并返回错误。

[TF] 初始化/连续控制内部状态的初始化。默认值为 FALSE。VI 第一次运行时或初始化/连续的值为 FALSE 时，LabVIEW 可使内部状态初始化为 0。如初始

化/连续的值为 TRUE，LabVIEW 可使内部状态初始化为上一次调用时的最终状态。如需处理由小数据块组成的较大数据序列，可为第一个块设置输入为 FALSE，然后设置为 TRUE，对其他的块继续进行滤波。

[DBL] 滤波后的 X 数组包含滤波后的采样。

[I32] 错误返回 VI 的任何错误或警告。将错误连接至错误代码至错误簇转换 VI，可将错误代码或警告转换为错误簇。

为研究 Butterworth 滤波器的滤波效果，类似于其他脚本语言仿真过程，在此通过模拟信号进行滤波处理分析。首先创建一个正弦波（低频）和均匀白噪声，并将这两个信号源进行叠加作为待去噪仿真信号源，在函数控件端口单击右键创建常量，或通过鼠标左键双击仿真信号图标，在弹出的参数设置对话框中设置相关参数，本案例中正弦信号和均匀白噪声的采样数为 1000，均匀白噪声的幅值为 100，Butterworth 滤波器设置为高通，低频截止频率为 150，滤波阶数设为 5。Butterworth 滤波器也可在程序框图中双击其图标来打开参数设置窗口，本例中使用的参数均为默认值。对于正弦信号的正弦频率和 Butterworth 滤波器的采样率，可通过选择接线端口并单击鼠标右键方式弹出显示界面，创建输入控件以方便更改。最后，为了实现对生成的仿真信号通过低通 Butterworth 滤波器过滤噪声信号和提取仿真正弦波，将 Butterworth 滤波器设为低通，创建截止频率和滤波器阶数输入控件，取 $t_0=0$，将 Butterworth 滤波器的采样率取倒数作为 dt，分别将滤波前的信号和滤波后的信号作为 Y 创建两个带有相同 t_0 和 dt 的信号，并将两个信号通过捆绑控件合并在一起，再输入到显示窗口进行对比分析，并将所有框图程序代码放置在 While 循环结构体以使得程序可以连续运行，为了方便观察显示结果，通过延迟等待函数控件，设置等待时间为 100 ms，整体程序设计如图 3.46 所示。

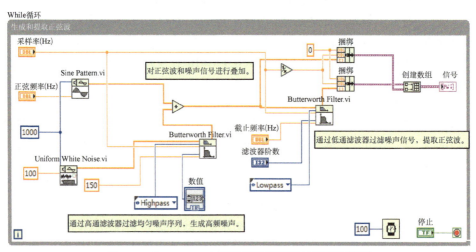

图 3.46   Butterworth 滤波器模拟降噪处理程序框图

　　通过 LabVIEW 快捷键 Ctrl+E 切换到程序前面板，通过显示控件可对一些关键性参数如生成正弦信号频率、滤波器截止频率、阶数和采样率等进行设置操作，结合修饰控件对前面板进行简单界面修饰，最终设计的 Butterworth 滤波器模拟降噪处理程序前面板如图 3.47 所示。鼠标左键单击 LabVIEW 程序运行图标，滤波前后的信号将会实时显示在信号显示窗口，此处采用双 Y 轴图形显示方式，学习者可自行修改噪声和滤波参数对比滤波前后效果，亦可以通过即时帮助，获取范例自行进行学习，在此不作赘述。

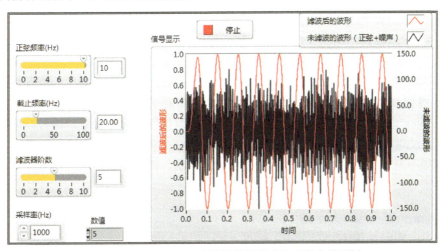

图 3.47　Butterworth 滤波器模拟降噪处理程序前面板

3.4.3　傅里叶变换

　　傅里叶变换（Fourier Transform）作为数字信号处理领域一种重要的算法，最初于 1807 年由法国数学家和物理学家傅里叶（Jean Baptiste Joseph Fourier，1768—1830）提出用于解决热传递过程温度分布问题。随着该算法的快速发展，傅里叶变换在物理学、电子学、数学、概率论、统计学、密码学、声学、光学、海洋学、结构动力学等领域都有着广泛的应用。在不同的研究领域，傅里叶变换具有各种不同的变体形式，如连续傅里叶变换和离散傅里叶变换。

　　傅里叶变换原理的意义是：任何连续测量的时序或信号，都可以表示为不同频率的正弦或余弦函数的无限叠加。基于该原理建立的傅里叶变换算法就是利用直接测量到的原始信号，以累加方式来计算该信号中不同正弦波信号的频率、振幅和相位信息。假设 $f(t)$ 是以 t 为自变量的周期函数，傅里叶变换的数学表达式为

$$F(\omega) = \mathcal{F}[f(t)] = \int_{-\infty}^{\infty} f(t)\mathrm{e}^{-\mathrm{i}wt}\mathrm{d}t \qquad (3.18)$$

　　傅里叶变换既可以完成从时域到频域的转换，又可以完成从频域到时域的转换，但不能同时具有时域和频域信息。傅里叶逆变换的数学表达式为

$$f(t)=\mathcal{F}^{-1}[F(\omega)]=\frac{1}{2\pi}\int_{-\infty}^{\infty}F(\omega)\mathrm{e}^{iwt}\mathrm{d}\omega \qquad (3.19)$$

　　显然，傅里叶变换最大的优势是将原来难以处理的时域信号转换成频域信号，通过分析原始信号具有的频谱特性，实现对其精准滤波处理。

　　LabVIEW 函数库中内置了傅里叶变换函数模块，位于"信号处理"选板中"变换"子选板内，如图 3.48 所示。鉴于傅里叶变换在频谱信号分析方面的优势，激光光谱领域中，傅里叶变换算法经常应用于调制类激光光谱技术，如光声光谱或石英增强型光声光谱、波长调制或频率调制光谱，以及近年来广为流行的石英音叉增强型吸收光谱等。此类调制光谱常和频分复用（Frequency Division Multiplexing，FDM）技术相结合，可实现多组分气体同时测量，信号处理过程中，通过对调制类激光光谱中的时域信号进行快速傅里叶变换（FFT），获取各个调制频率对应的频谱峰值，再结合波长扫描方法，即可获取各个气体成分对应的光谱信号。

图 3.48　LabVIEW 函数中"信号处理"选板中"变换"子选板

　　近年来，针对传统半导体材料的光电探测器的不足，本书作者利用微型石英音叉的压电效应和谐振效应，研制了一种具有超宽范围光谱响应特性的新型光电探测器，即"石英音叉光电探测器"（Quartz Tuning Fork Photodetector），可用于包含紫外到太赫兹光谱范围的全波段电磁波探测。受石英音叉工作原理的限制，入射光的调制频率（调制的连续光）或脉冲重复频率（脉冲光）需要与石英音叉本征频率相匹配，在石英音叉共振带宽范围内，将其谐振频率进行细分，即可结合频分复用技术和快速傅里叶变换解调算法实现多种气体成分的光谱同时测量，如图 3.49 为基于快速傅里叶变换的石英音叉探测器信号解调过程图，相关技术和

傅里叶变换算法的应用在后续章节将有详细的叙述，在此不再展开阐述。

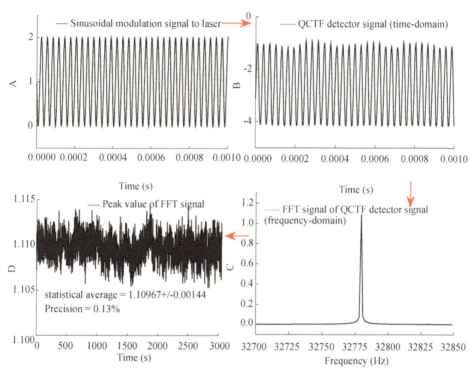

图 3.49 基于快速傅里叶变换的石英音叉探测器信号解调过程图

3.4.4 信号多次平均

在信号处理过程中，有类噪声称为"随机噪声"（Random Noise），会降低信号的信噪比，影响信号的可靠性和准确性。随机噪声是一种由时间上随机产生的大量起伏骚扰积累而造成的，其值在给定瞬间内不能预测的噪声，具有以下几个特征：

随机性：随机噪声产生过程具有随机性，不遵守任何明确的规律；

平稳性：随机噪声的统计特性在时间上保持不变；

高频成分：随机噪声在频域上具有带宽特性，包含各种不同频率的成分；

均值为零：随机噪声在长时间内平均值为零。

针对随机噪声的特性，信号处理研究者们发现多次平均法具有很好抑制随机噪声的效果。信号多次叠加平均的基本原理是通过多次采集同一信号并相加后取平均值来降低随机噪声对信号的影响。在处理实验结果和信号时，多次平均是一种最简单有效的减小误差和降噪的方法。

为了演示多次平均对信号降噪的效果，在此以典型的正弦波和高斯白噪声为例，介绍 LabVIEW 多次信号平均算法的程序设计过程。首先分别创建一个正弦波和高斯白噪声的仿真信号源，正弦波频率为 0.01，高斯白噪声标准差为 0.15，对正弦波的采样数和高斯白噪声的采样数及种子创建输入控件。通过数学加法运算将正弦波和高斯白噪声进行叠加作为带噪声的信号源。首先对程序进行初始化设置，在此通过在 While 循环结构体中移位寄存器端口创建一个维数为 300，元素都为 0 的数组，循环次数为 0，条件为"0"。

多次平均信号处理算法程序设计，可通过结合循环结构的移位寄存器和条件结构或结合创建局部变量和条件结构等计算方式实现，本例中采用结合循环结构的移位寄存器和条件结构方法来设计多次信号平均算法。当循环次数小于设定的平均次数时，条件判断为假，条件变为 0，继续对带噪信号进行累加并返回。当循环次数大于等于设定的平均次数时，条件判断为真，条件变为 1，此时循环结束输出平均前和平均后的信号，并重新进行初始化设置，数组元素重新设为 0，循环次数亦变为 0，条件亦变为"0"。如图 3.50 和图 3.51 分别为循环次数小于和大于等于设定的平均次数时 LabVIEW 多次平均信号处理算法程序设计框图。为了清晰看见信号连续运行结果，框图程序中添加了一个时间延迟控件，延迟时间设为 0.01 s。

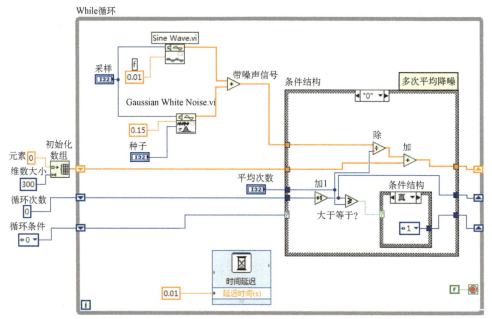

图 3.50　LabVIEW 多次平均信号处理算法程序设计框图（循环次数小于设定的平均次数时）

图 3.52 所示为平均次数为 10 次时，LabVIEW 程序运行结果，显示窗口中分别展示了多次信号平均前后波形图，可见平均后的正弦波具有更高的信噪比，学习者可自行通过改变平均次数，对比处理结果和效果，在此不再详细展示。理论

上，随着信号叠加次数的增加，信号信噪比将会呈现递增的趋势，但是存在一定的极限。此外，信号多次叠加的过程亦是一个耗时计算过程，实际应用中需结合对时间分辨率和信号质量的具体要求，选择最佳的信号平均次数，即信号平均时间。实践证明信号多次平均法是一种应用普遍、实现过程简单的抑制噪声方法，尤其适用于白噪声（White Noise），信噪比与信号平均次数的平方根呈正比例关系。

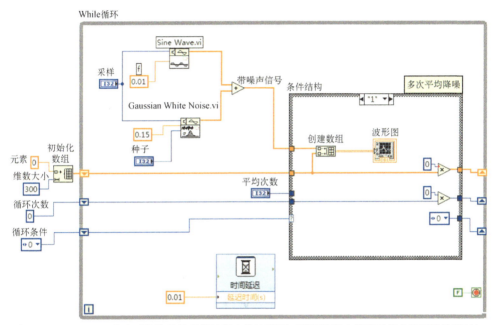

图 3.51　LabVIEW 多次平均信号处理算法程序设计框图（循环次数大于等于设定的平均次数时）

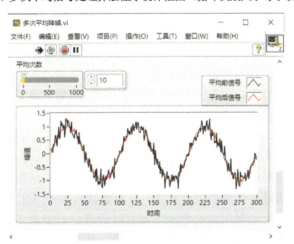

图 3.52　LabVIEW 多次平均信号处理算法程序设计前面板

3.4.5　Savitzky-Golay 滤波

Savitzky-Golay（S-G）滤波属于数字滤波器中的一种平滑滤波算法，该算法最初于 1964 年由 Savitzky 和 Golay 提出，之后被广泛地运用于数据信号平滑降噪，是一种在时域内基于局域多项式最小二乘法拟合的滤波方法。相比于其他滤波算法，S-G 滤波算法只包含两个滤波参数：窗宽和多项式阶数。S-G 平滑滤波过程类似于传统的移动平均算法，不同点在于该算法利用最小二乘拟合卷积过程代替简单的求平均值法。如图 3.53 所示展示了 S-G 平滑滤波算法的过程示意图，总体上，S-G 平滑滤波过程主要包含以下几个步骤：

（1）选择适当的数据间隔，即窗大小；

（2）利用低阶多项式函数拟合选择的数据间隔；

（3）利用拟合出的多项式系数计算数据间隔中心位置处的平滑数据；

（4）以此类推，向右平移 1 个采样点，重复计算平滑后的数据。

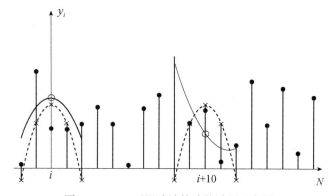

图 3.53　S-G 平滑滤波算法的过程示意图

示意图中实点代表原始输入样本序列，实线代表局域多项式拟合五个输入样本，x 代表有效脉冲响应采样，虚线代表中心位置在 i 处多项式近似，圆圈代表最小二乘平滑后的样本。

LabVIEW 函数库中包含了 S-G 滤波器 VI 函数，位于"函数"选板中"信号处理"函数子选板"滤波器"函数子选板中，其接线端如图 3.54 所示。X 端口是要进行滤波的包含采样的输入数组。单侧数据点数输入端是指定当前数据点每一边用于最小二乘法最小化的数据点数量，单侧数据点数*2＋1 为 S-G 滤波器移动窗口的长度，需要大于多项式阶数。多项式阶数端口是指定多项式的阶数。权重端口是指定用于最小二乘法最小化的权重向量。数组必须为空或长度为单侧数据点数*2+1。滤波后的 X 是指滤波后结果以数组输出。错误端口用于返回 VI 的任何错误或警告，如将错误连接至错误代码及至错误簇转换 VI，可将错误代码或警告转换为错误簇。

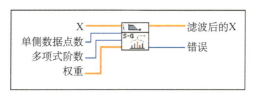

图 3.54 LabVIEW 函数库中 S-G 滤波器程序框图结构示意图

开展基于 S-G 滤波器的 LabVIEW 降噪算法设计之前，首先通过创建正弦波和高斯白噪声的相叠加产生的混合仿真信号源作为待滤波信号，函数控件创建步骤同上所述，参数设置中，正弦波频率为 0.01，高斯白噪声标准差为 0.15，对正弦波的采样数和高斯白噪声的采样数及种子创建输入控件。在程序框图（后面板）中鼠标左键双击仿真信号图标可以弹出参数设置窗口，本例中使用的参数均为默认值，如图 3.55 所示为利用正弦波 VI、高斯白噪声 VI、S-G 滤波器 VI、创建数组函数控件和 XY 图形显示窗口等函数控件建立的降噪算法程序框图。While 循环函数用于程序连续执行，等待函数响应时间设定为 500 ms，用于区分相连两次程序运行结果。

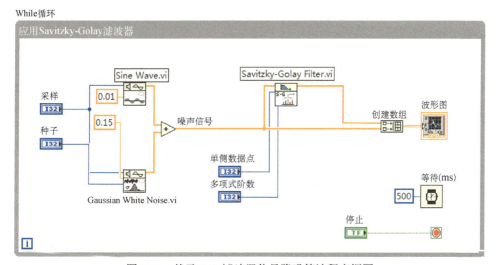

图 3.55 基于 S-G 滤波器信号降噪算法程序框图

通过 LabVIEW 窗口菜单或 Ctrl+E 快捷键方式切换到程序前面板，对前面板控件进行简单装饰和布局设计，将 S-G 滤波器初始参数单侧数据点设为 15，多项式阶数设为 8，正弦波模拟函数参数采样和种子分别设为 300 和−1，单击 LabVIEW 程序运行按钮，将在图形显示窗口给出带噪声的正弦波信号和 S-G 滤波后的平滑信号，如图 3.56 所示。学习者可自行改变模拟信号参数和 S-G 滤波器参数，对比查看滤波后的信号变化情况。

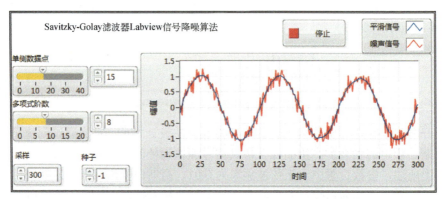

图 3.56　基于 S-G 滤波器信号降噪算法程序前面板

此外，可通过鼠标左键单击 S-G 滤波器 VI 图标，选择范例打开 LabVIEW 帮助文档，将直接打开一个范例。关于 LabVIEW 中 S-G 滤波器 VI 的范例可在软件安装目录 LabVIEW\examples\Signal Processing\Filters 中找到 Savitzky-Golay Filtering VI。

3.4.6　小波去噪

小波变换（Wavelet Transform，WT）作为一种相对较新的数字信号处理算法，原理上继承和发展了短时傅里叶变换局部化的思想，同时又克服了窗口大小不随频率变化等缺点，能够提供一个随频率改变的"时间-频率"窗口，是进行信号时频分析和处理的理想工具。1974 年法国从事石油信号处理的工程师 J. Morlet 首先提出了小波变换的概念。小波变换的主要特点是通过变换能够充分突出问题某些方面的特征，能对时间（空间）频率的局部化进行分析，通过伸缩平移运算对信号（函数）逐步进行多尺度细化，最终达到高频处时间细分，低频处频率细分，能自动适应时频信号分析的要求，从而可聚焦到信号的任意细节，解决了传统傅里叶变换的困难问题，成为继傅里叶变换以来在科学方法上的重大突破。多年来，小波变换取得了突破性进展，不仅在数学领域，其已被广泛地应用于物理学、生物医学等领域中进行信号分析和图像处理。

小波变换主要包括连续小波变换和离散小波变换。连续小波变换的数学表达式为

$$W_f(\tau,s) = \frac{1}{\sqrt{|s|}} \int_{-\infty}^{+\infty} f(t) \Psi\left(\frac{t-\tau}{s}\right) \mathrm{d}t \qquad (3.20)$$

式中，s 和 τ 分别为尺度因子（Scale）和平移量（Translation）。$|s|^{-1/2}$ 为能量归一化，$\Psi_{\tau,s}(t)=\dfrac{1}{\sqrt{|s|}}\Psi\left(\dfrac{t-\tau}{s}\right)$ 为连续小波或母小波。$W_f(\tau,s)$ 为每个尺度和平移量下对应的小波系数，包含着原始信号 $f(t)$ 在各级条件下的信息，因此，原始信号可通过逆小波变换重构出来，数学表达式为

$$f(t)=\frac{1}{C_{\Psi}}\int_0^{\infty}\int_{-\infty}^{+\infty}W_f(\tau,s)\Psi_{\tau,s}(t)\mathrm{d}\tau\frac{\mathrm{d}s}{s^2} \tag{3.21}$$

其中，C_{Ψ} 定义为 $C_{\Psi}=\displaystyle\int_0^{\infty}\frac{|\Psi(\omega)|^2}{\omega}\mathrm{d}\omega$，$\Psi(\omega)$ 为母小波的傅里叶变换。

由以上公式可见，尺度因子 s 控制小波函数的伸缩，平移量 τ 控制小波函数的平移。尺度就对应于频率，平移量 τ 就对应于时间。因而小波变换被誉为"数学显微镜"，在去噪过程，被称为小波棱镜（Wavelet Prism），具有良好的时频局部化特性，能有效地从信号中提取各种有用信息，如图 3.57 所示小波棱镜原理示意图。

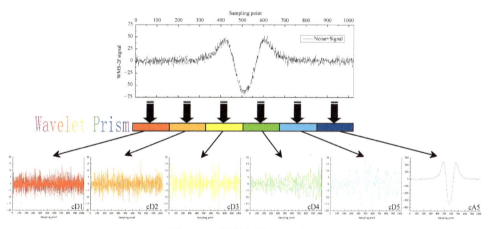

图 3.57　小波棱镜原理示意图

如果假设 $s=s_0^j$ 和 $\tau=k\tau_0 s_0^j$（$j,k\in Z,s_0\neq 0$），那么小波可表示成

$$\Psi_{j,k}(t)=s_0^{-j/2}\Psi(s_0^{-j}t-k\tau_0) \tag{3.22}$$

上式通称为离散小波（Discrete Wavelet），典型地 $s_0=2$ 和 $\tau_0=1$ 时，尺度函数 $\varphi(t)$ 和母小波函数 $\psi(t)$ 分别简化为

$$\varphi_{j,k}(t)=2^{-j/2}\varphi(2^{-j}t-k) \tag{3.23}$$

$$\psi_{j,k}(t) = 2^{-j/2}\psi(2^{-j}t-k) \tag{3.24}$$

以上两个函数在实际应用过程中常被用于小波变换。为了快速实现小波变换的计算，1989 年马拉特（Mallat）在小波变换多分辨率分析理论与图像处理的应用研究中受到塔式算法的启发，提出了信号的塔式多分辨率分析与重构的快速算法，统称为 Mallat 算法，其流程示意图如图 3.58 所示。

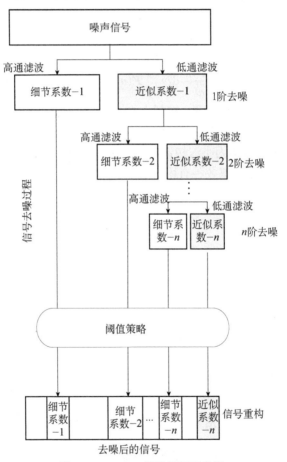

图 3.58   Mallat 算法流程示意图

假设真实的光谱信号为 $f(t)$，噪声信号为 $\xi(t)$，实际携带噪声的信号为 $y(t) = f(t) + \xi(t)$，离散小波变换中，实际信号可表示成

$$y(t) = \sum_{k=Z} a_{J,k}\varphi_{J,k}(t) + \sum_{j\leqslant J}\sum_{k=Z} d_{j,k}\Psi_{j,k}(t) \quad (Z \in R) \tag{3.25}$$

式中，系数 $a_{J,k}$ 和 $d_{j,k}$ 分别为近似系数（Approximation Coefficients）和细节系数（Detail Coefficients），与信号分解过程有关。整个小波去噪过程可归纳为以下三个步骤：

（1）分解：将原始信号分解成 n 层，获取每个尺度下（阶数 $j = 1, \cdots, n$）经验小波系数；

（2）阈值处理：选择适当的阈值策略和阈值对经验小波系数阈值化处理，获取估计的小波系数；

（3）重构：利用阈值化的小波系数重构信号，最终获取去噪处理后的信号。

以上过程通常称为小波阈值法去噪，类似于其他滤波算法，滤波效果直接取决于滤波参数的最佳化。小波阈值去噪过程主要包含以下参数：小波基（即母小波函数）、阈值函数和阈值、分解和合成方法，以及分解层数。Mallat 算法很好地解决了如何选择适当的小波基与分解尺度。小波基的选择通常满足以下条件：正交性、高消失矩、紧支性、对称性或反对称性。阈值的选择：直接影响去噪效果的一个重要因素就是阈值的选取，不同的阈值选取将有不同的去噪效果。目前主要有通用阈值（VisuShrink 阈值）、SureShrink 阈值、Minimax 阈值、BayesShrink 阈值等。阈值函数是修正小波系数的策略或规则。最常用的阈值函数有两种：硬阈值（Hard Threshold）函数和软阈值（Soft Threshold）函数，其数学表达式分别如下：

$$f_{\text{hard}}(t) = \begin{cases} f(t), & |f(t)| > \text{Th} \\ 0, & |f(t)| \leqslant \text{Th} \end{cases} \tag{3.26}$$

$$f_{\text{soft}}(t) = \begin{cases} \text{sign}(f(t))\big(|f(t)| - \text{Th}\big), & |f(t)| > \text{Th} \\ 0, & |f(t)| \leqslant \text{Th} \end{cases} \tag{3.27}$$

由上式可见，硬阈值函数因其不连续性，边缘处易产生吉布斯（Gibbs）振荡现象；软阈值函数虽然具有很好的平滑性和适应性，但是当小波系数高于阈值时，可能导致信号衰减。当前，针对软、硬阈值函数各自的缺陷，众多小波研究者提出了各种改进型阈值函数策略。典型的如以下公式所描述的折中阈值法：

$$f_{\text{com}}(t) = \begin{cases} \text{sign}(f(t))\big(|f(t)| - \alpha \times \text{Th}\big), & |f(t)| > \text{Th} \\ 0, & |f(t)| \leqslant \text{Th} \end{cases} \tag{3.28}$$

式中折中系数 $\alpha \in [0,1]$，当 $\alpha = 0$ 和 1 时，分别对应硬阈值和软阈值。此外，更精确的阈值算法有 Stein 无偏风险估计（Stein's Unbiased Estimate of Risk，SURE），如图 3.59 所示，SURE 阈值比传统的折中阈值法更精确地逼近软、硬阈值。实际应用中，鉴于真实信号的系数是未知的，故真实的估计风险亦未知。噪声水平无法估计，通过结合 SURE 阈值算法和基于标准最小均方误差（Standard Minimum Mean Square Error，SMSE）的风险函数理论上可实现无偏的风险估计，其函数的数学表达式为

$$R(\hat{w}, w) = \frac{1}{N} \sum_{j,k} (\hat{w}_{j,k} - w_{j,k})^2 \tag{3.29}$$

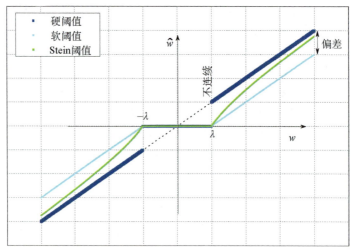

图 3.59　硬阈值、软阈值和 Stein 阈值策略示意图

　　LabVIEW 作为图形化编程语言，当前库函数中尚未包含小波变换函数 VI 程序模块，但是可以通过调用 MATLAB®软件执行脚本的方式实现小波去噪程序的设计。由于脚本节点通过调用 MATLAB 软件脚本服务器执行使用 MATLAB 语言编写的脚本，因此必须安装具有许可证的 MATLAB 6.5 或更高版本才能使用 MATLAB 脚本节点。LabVIEW 使用 ActiveX 技术执行 MATLAB 脚本节点，因此，MATLAB 脚本节点仅可用于 Windows 操作系统。MATLAB 脚本节点和 MathScript 节点只按行处理一位数组输入。如需将移位数组的方向从行改为列，或从列改为行，应在对数组中的元素进行运算前将数组转置。此外，可通过转换 VI 和函数或字符串 / 数组 / 路径转换函数将 LabVIEW 数据类型转换为 MathScript RT 模块或 MATLAB 支持的数据类型，如图 3.60 所示为 LabVIEW 函数库中 MATLAB 脚本函数控件。

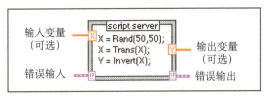

图 3.60 LabVIEW 函数库中 MATLAB 脚本函数控件框图示意图

在 LabVIEW 后面板右上角搜索栏输入关键词"MATLAB",即可显示出 MATLAB 脚本和通过 LabVIEW 调用 MATLAB 等相关帮助文档。创建并运行用 MathScript 语言编写的脚本主要包括以下几个步骤:

(1)在程序框图上放置 MATLAB 脚本节点。

(2)用操作工具或标签工具在 MATLAB 节点中输入以下脚本:

```
a=rand(50)
surf(a)
```

(3)在 MATLAB 脚本节点上添加一个输出端并为该输出端创建显示控件。

首先右键单击 MATLAB 脚本节点外框的右边,从快捷菜单中选择添加输出。在输出接线端输入脚本中对应的变量(此处为 a),为脚本中的 a 变量添加一个输出端。确认输出端的数据类型。在 MATLAB 脚本节点中,任何新输入或新输出的默认数据类型为 Real。右键单击 a 输出端,从快捷菜单中选择数据类型»2-D Array of Real。右键单击 a 输出端,从快捷菜单中选择创建»显示控件,创建一个标签为 2-D Array of Real 的二维数值数组显示控件。右键单击"错误输出"输出接线端,从快捷菜单中选择创建»显示控件,创建一个标签为"错误输出"的错误输出显示控件。重新调整前面板上的 2-D Array of Real 显示控件,查看 VI 运行时脚本生成的数字。最后,运行 VI 程序,LabVIEW 通过调用 MATLAB 软件脚本服务器,创建一个随机值矩阵并在 MATLAB 软件中显示该矩阵(并将信息绘制在图形上),同时在前面板上的 2-D Array of Real 显示控件中显示组成矩阵的值。

类似上述其他滤波算法设计,在此同样通过创建正弦信号和高斯白噪声相叠加的信号作为仿真信号源,正弦信号采样为 2048,幅值为 3,周期为 100,高斯白噪声采样和正弦信号采样设置相同,标准差为 0.5,种子为−1。再按上述方式创建 MATLAB 小波去噪程序脚本,并在其脚本节点上分别创建输入变量 xx 和输出变量 xd。小波去噪 MATLAB 脚本代码选择 MATLAB 小波工具包中 wden 函数作为小波去噪函数,wden 函数是一种用于一维信号的小波消噪处理的函数,它返回经过小波消噪处理后的信号及其小波分解结构。

最后,利用"创建数组"函数控件将小波降噪前后的两个信号放在一起输入到图形显示窗口进行对比,并将所有函数控件放置在 While 循环当中以连续执行程序,以及添加等待函数控件,等待时间设为 100 ms。最终,将 MATLAB 脚本输入端与模拟信号源相连接，其输出端和"创建数组"函数控件相连后再连接到波形图显示窗口控件，整个程序设计框图如图 3.61 所示。再切换到程序前面板，单击 LabVIEW 运行按钮，程序执行结果如图 3.62 所示。

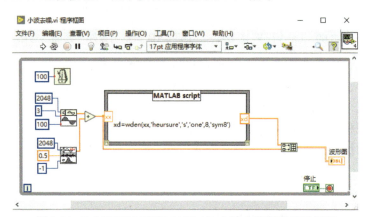

图 3.61　LabVIEW 调用 MATLAB 小波去噪程序设计框图

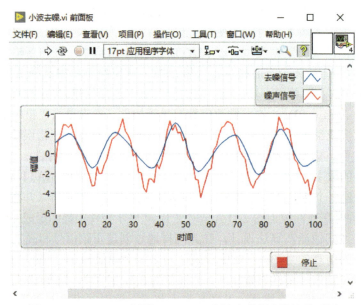

图 3.62　LabVIEW 调用 MATLAB 小波去噪程序设计前面板

本例中采用的 wden 函数的基本结构和调用形式及具体说明如下：

[xd，cxd，lxd]=wden（x，tptr，sorh，scal，n，'wname'）；

% 输出参数说明：

xd：返回经过小波消噪处理后的信号；

cxd 和 lxd：小波分解的结构，但在某些情况下可能不被直接使用或返回。

% 输入参数说明：

% x 为输入信号；

%输入参数 tptr 为阈值类型，可选择阈值标准如下：

thr1=thselect(x,'rigrsure'); %stein 无偏估计；

thr2=thselect(x,'heursure'); %启发式阈值；

thr3=thselect(x,'sqtwolog'); %固定式阈值；

thr4=thselect(x,'minimaxi'); %极大极小值阈值；

%输出参数 sorh 为函数选择阈值使用方式：

Sorh=s；%为软阈值；

Sorh=h；%为硬阈值；

%输入参数 scal 规定了阈值处理随噪声水平的变化：

Scal=one；%不随噪声水平变化；

Scal=sln；%根据第一层小波分解的噪声水平估计进行调整；

Scal=mln；%根据每一层小波分解的噪声水平估计进行调整。

n 为去噪分解阶数%。

"wname" 为小波基函数。

MATLAB 是一种高级的数值计算和编程环境，具有强大的矩阵处理功能和绘图功能，广泛应用于科学研究和工程技术的各个领域。MATLAB 由美国 MathWorks 公司开发，主要用于数值分析、矩阵运算、数字信号处理、建模、系统控制与优化等应用程序。MATLAB 的小波分析工具箱（Wavelet Aanlysis Toolbox）为工程师和科学家提供了广泛的算法和应用来分析和处理信号及图像，该工具箱提供了一系列小波转换和小波分析函数，包括连续小波变换（CWT）、离散小波变换（DWT）、最大重叠离散小波变换（MODWT）等，在此不再详细介绍，学习者可结合本书介绍的案例自行开展 MATLAB 脚本函数调用程序设计。

3.4.7 Allan 方差

早期概率论与数理统计学中，人们常用方差（又称经典方差）来衡量随机变量或一组数据的离散程度。然而，在使用经典方差分析原子频标的频率稳定性时，经典方差会随着时间增加而发散。为此，阿伦（D. W. Allan）于 1966 年提出了一种时域分析技术（即双样本方差），并成功将其用于石英振荡器频率稳定性研究，随后此方法通常称为艾伦方差（Allan Deviation）或义伦变量（Allan Variance）分析法。1993 年，德国光谱学家 P. Werle，首次将 Allan 方差引入到激光光谱学，以频率调制型 TDLAS 二氧化氮（NO_2）光谱仪器为例，结合零空气（Zero Air）背景扣除法，通过 Allan 方差分析给出了最佳的信号平均时间。随后，Allan 方差在国际上被广泛应用于激光光谱系统灵敏度评估。Allan 变量用于衡量激光光谱系统灵敏度与信号最佳积分时间（或平均次数）的关系，其数学表达式定义如下：

$$\sigma^2(\tau) = \frac{1}{2(N-1)} \sum_{i=1}^{N-1} (\overline{y}_{i+1} - \overline{y}_i)^2 \qquad (3.30)$$

式中，τ 为积分时间，N 为连续测量的组数，$\overline{y}_i$ 为第 i 组的平均值。注意：此式中给出的平方项为 Allan 变量，而通常采用的 Allan 方差或 Allan 偏差为 Allan 变量的算术平方根（Arithmetic Square Root）。对于白噪声，Allan 偏差分析结果具有 $\tau^{-1/2}$ 变化特征。近年来，为了缅怀 P. Werle 先生在激光吸收光谱领域的杰出贡献，全球激光光谱领域研究者们将 Allan 方差更改为"Allan-Werle 方差"，并在学术论文中自发将其作为专业术语广泛流传。

当前 LabVIEW 函数库中尚未包含 Allan 方差分析算法 VI 函数控件，但是依据上述公式，可结合 LabVIEW 函数中"数组"控件和"均值（Mean）"函数控件，以及数学运算函数控件自行编写计算程序，再结合"读取带分隔符电子表格"和"数据导入文件路径"函数控件导入待分析数据，以及利用循环结构体对计算结果进行判断和选择。如图 3.63 所示为利用上述 LabVIEW 主要控件设计的 Allan 方差程序框图，在数据导入文件路径中输入拟分析数据位于的文件路径和文件名，单击 LabVIEW 程序运行按钮，程序执行结果如图 3.64 所示，其中上面板为导入的浓度系列数据，下面板为 Allan 方差分析结果。

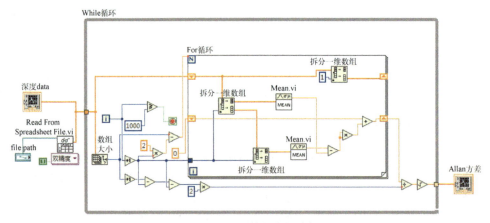

图 3.63　Allan 方差程序设计框图

当前，Allan 偏差分析方法在激光光谱领域被广泛用于评估光谱分析仪器或气体传感系统的测量灵敏度和长期稳定性。科学实验中的检测灵敏度标称定义为特定积分时间下测量浓度的标准偏差，对于高斯噪声占主导地位的仪器系统中，随着积分时间的增加，可有效降低其标准偏差，从而实现提高检测灵敏度。然而，对于一些光学的噪声，尤其是多次反射型长程吸收池光谱系统中，标准具效应引起的典型光学干涉噪声，仍然是当前限制激光光谱系统检测灵敏度的关键技术问题。

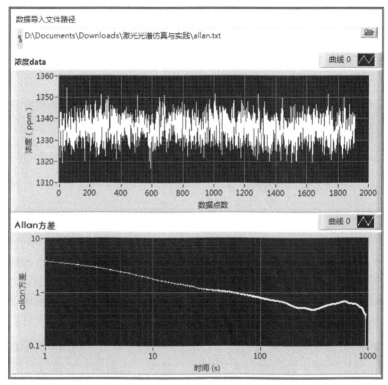

图 3.64　Allan 方差程序设计前面板

3.5　LabVIEW 数据采集和通讯

　　LabVIEW 作为一种图形化编程软件，被广泛应用于自动测量系统、工业自动化处理控制过程等领域，用以实现数据采集和分析。基于 LabVIEW 的数据采集系统主要包括 LabVIEW 软件、多功能数据采集设备（Data AcQuisition，数据采集）及其驱动程序。LabVIEW 利用其图形化编程环境，通过动态数据交换（DDE）机制与数据采集卡进行数据通信。LabVIEW 的客户程序负责发出数据采集请求，数据采集卡的服务器程序则执行实际的数据采集任务，这种设计使得 LabVIEW 能够有效驱动并从多功能采集卡收集数据。LabVIEW 的强大功能模块和丰富的库函数，使得数据处理和分析变得更加高效和准确。此外，LabVIEW 的图形化编程方法简化了程序的开发过程，使得数据采集系统的实现更加经济实惠，同时保持了高效和稳定的运行性能。

3.5.1　NI-DAQ 发展过程

　　NI 研发了多种用以数据采集的 I/O 设备，包括信号调理模块、嵌入式 PCI/PCIE 卡、便携式 USB 模块、WiFi 无线传输式、DAQ 嵌入式计算机、模块化 DAQ 系统，以各种接口方式与 LabVIEW 相兼容用于数据采集和分析，如图 3.65 所示。

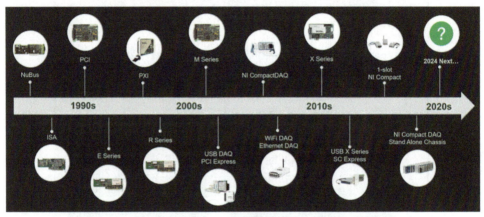

图 3.65　NI-DAQ 设备研发和革新过程

　　面对种类繁多的数据采集设备，DAQ 硬件选型时需要重点考虑如下几个参数。首先，通道数目，能否满足应用需要。其次，待测信号的幅度是否在数据采集板卡的信号幅度范围以内。此外，采样率和分辨率也是非常重要的两个参数。采样率决定了数据采集设备每秒钟进行模数转换的次数。采样率越高，给定时间内采集到的数据越多，就能更好地反映原始信号。依据"奈奎斯特采样"定理，要在频域还原信号，采样率至少是信号最高频率的 2 倍；而要在时域还原信号，则采样率至少应该是信号最高频率的 5～10 倍。实际应用中，可以根据此采样率选择标准，来选择数据采集设备。最后，分辨率是模数（Analog to Digital，AD）转化过程用来表示模拟信号的位数。分辨率越高，整个信号范围被分割成的区间数目越多，能检测到的信号变化就越小。因此，当检测信号为微弱的信号时，通常可选用高分辨率（最高可达 24 bit）的数据采集设备。除此以外，动态范围、稳定时间、噪声、通道间转换速率等，也是实际应用中需要考虑的硬件参数。

3.5.2　数据采集卡和 DAQ 助手

　　DAQ 系统通常由传感器、DAQ 测量硬件和装有 LabVIEW 等编程软件的计算机组成。DAQ 驱动程序是实现 LabVIEW 软件和 DAQ 硬件通讯的关键"桥梁"，以下章节将详细介绍 DAQ 具体配置过程。为了让用户能够灵活搭建数据采集系统，NI 还提供了多种软件选择，用户可以通过编程软件如 LabVIEW、C/C#、VC、VB、.NET、Python 等来实现自定义的采集功能，确保了数据的可靠采集、准确分析和清晰呈现。本书将以图形化编程软件 LabVIEW 为重点介绍数据采集实现过程。NI 公司官方提供了支持 LabVIEW 的 DAQ 驱动程序，在其软件和驱动程序下载页面输入 DAQ 即可搜索到 NI-DAQ™mx 驱动程序下载链接，选择适合的操作系统和版本即可开始下载驱动程序安装引导文件 NI Package Manager。驱动程序安装完毕后，以 USB-6212（BNC）型数据采集卡为例，该采集卡的主要特性和功能为：16 路模拟输入（16 位，400 kS/s），2 路模拟输出（16 位，250 kS/s），32 路数字 I/O，2 个 32 位计数器，确保灵活移动的总线供电 USB 通讯。把采集卡与计算机连接后，开始下载安装 DAQ 驱动程序进行设备配置，注意所选择安装的 NI-DAQ 版本务必要与所使用的 LabVIEW 版本相一致。如图 3.66 所示，安装好 DAQ 并且连接好数据采集卡后，在计算机设备管理器中就可以显示出采集卡设备型号。

图 3.66　计算机设备管理器

完成 NI-DAQ 安装后，在 LabVIEW 程序后面板"函数"选板中将出现 DAQ 子选板，选板如图 3.67 所示，LabVIEW 是通过 DAQ 节点来控制 DAQ 设备完成数据采集的，所有节点都包含在选板的"测量 I/O"、"DAQmax-数据采集"子选板中。

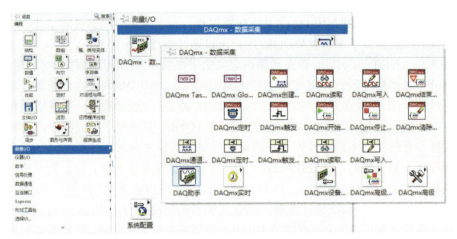

图 3.67　"DAQmax-数据采集"子选板

　　"DAQmax-数据采集"子选板中包括的节点主要有"DAQmx 创建虚拟通道"、"DAQmx 清楚任务"、"DAQmx 读取"、"DAQmx 开始任务"、"DAQmx 停止任务"、"DAQmx 定时"、"DAQmx 触发""DAQmx 写入"以及"DAQ 助手"等。其中，"DAQ 助手"介绍如图 3.68 所示，它是一个图形化的界面，用于交互式创建、编辑和运行 DAQmx 虚拟通道和任务，在 DAQ 函数中使用最为广泛。

图 3.68　DAQ 助手介绍

　　使用"DAQ 助手"时，将节点放置在程序面板中，双击弹出如图 3.69 所示的对话框，"DAQ 助手"可以实现采集信号和生成信号两方面功能，其中采集信号的类型可以分为模拟输入、计数器输入、数字输入、TEDS，其中最常用的信号输入为模拟信号输入，包括常用的电压、温度、应变、电流、电阻、频率等传感器参数。

　　以电压信号输入为例，单击"电压"，弹出计算机连接的采集卡设备，可选择信号来源通道，以最大采样率 0.5 MHz，16 通道的"NI-USB-6212"数据采集卡为例，电压采集通道如图 3.70 所示。

图 3.69　"DAQ 助手"的采集信号对话框

图 3.70　数据采集卡通道配置

选择通道 "ai0"，自动弹出如图 3.71 所示的采集信号配置对话框，设置采集信号的幅值范围、采样模式。另外，如图 3.72 所示，可以通过单击"触发"按钮配置同步触发信号。

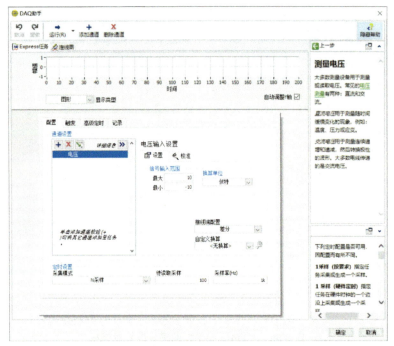

图 3.71   信号采集配置

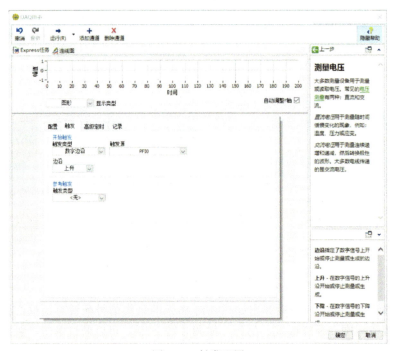

图 3.72   触发配置

信号采集配置完成后，单击"确定"按钮，系统开始对 DAQ 进行初始化，初始化及完成后的结果如图 3.73 所示。

图 3.73 DAQ 初始化及初始化完成后的图标

"DAQ 助手"的生成信号功能如图 3.74 所示，包括模拟输出、计数器输出及数字输出。以常用的模拟输出为例，主要包括生成电压和电流。单击"电压"输出，弹出采集卡信号输出通道配置对话框，如图 3.75 所示。

图 3.74 "DAQ 助手"的生成信号对话框

图 3.75　采集卡信号输出通道配置

单击"ao0"生成信号通道，再单击"确定"按钮弹出输出信号配置对话框如图 3.76 所示。

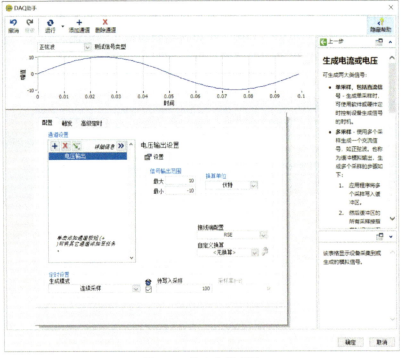

图 3.76　输出信号配置

配置完成后，单击"确定"按钮，系统开始对 DAQ 进行初始化，初始化及完成后的结果如图 3.77 所示。

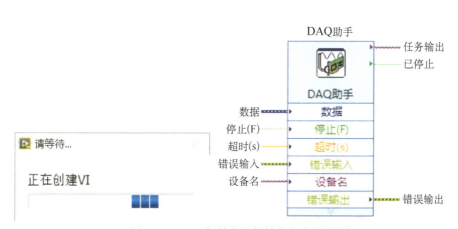

图 3.77 DAQ 初始化及初始化完成后的图标

本书中介绍的 USB-6212（BNC）型数据采集卡具有 16 路模拟输入（16 位，400 kS/s）通道可供多通道信号同时采集；而 2 路模拟输出（16 位，250 kS/s）通道可用于产生输出模拟信号，如同步触发采集的 TTL（Transistor-Transistor Logic）信号，或正弦调制信号等。针对激光光谱中常采用的正弦波信号作为半导体激光器驱动电压/电流调制信号的应用案例，本书在此将结合 USB-6212（BNC）型数据采集卡和 DAQ 助手来介绍正弦波信号模拟输出和采集的具体实现过程。

首先，单击 LabVIEW 后面板中的"函数"选板，单击"Express"选板，再单击"输入"中"仿真信号"子选板，在弹出的对话框中进行仿真信号波形配置，如图 3.78 所示，配置后单击"确定"完成控件配置。

然后在"While 循环"内对生成信号模块和采集信号模块进行配置，搭建如图 3.79 所示的程序框图，生成信号模块中将仿真信号通过"DAQ 助手"由采集卡"ao0 通道"发出，采集模块中，通过配置"DAQ 助手"将信号由采集卡"ai0 通道"进行采集处理。通过前面板"控件"选项中的"图形"中的显示控件"波形图"对采集到的仿真信号进行结果显示。

对仿真信号的频率、幅值、偏移量以及相位的输入端添加"输入控件"，对"DAQ 助手"的采样数和采样率进行配置并添加"输入控件"，各控件在前面板的显示效果如图 3.80 所示，可见前面板中波形图显示窗口采集到的正弦波信号幅值和频率与初始设定的参数完全一致，学习者可进一步通过 LabVIEW 中提供的快速傅里叶变化算法对采集的信号进行频谱分析。

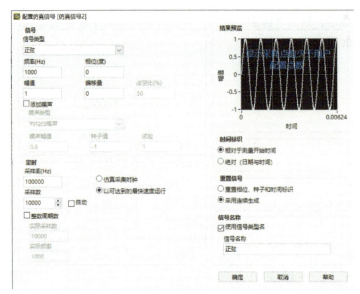

图 3.78　仿真信号配置

图 3.79　信号生成以及采集程序框图

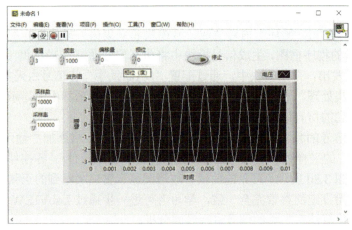

图 3.80　前面板显示及参数输入控件

3.6 LabVIEW 串口通讯

3.6.1 概述

COM 口（Cluster Communication Port）即串行通讯端口，简称串口。串口是显控设备与信号处理单元之间通信的主要接口，也是显控设备与其他设备、设备与设备之间协议数据帧通信传输的重要接口。串口通讯（Serial Communications）是一种通过串行接口进行数据传输的数据通信方式，其基本原理是通过串行接口电路将并行数据转换为连续的串行数据流发送，接收端再将串行数据流转换为并行数据。串口通讯原理上指仅用一根接收线和一根发送线就能完成数据传输的一种通讯方式，属于异步通讯，通常使用三根线完成：地线、发送线和接收线。串口按位（bit）发送和接收字节，当数据从串行端口发送出去时，字节数据转换为串行的位；在接收数据时，串行的位被转换为字节数据。应用程序要使用串口进行通信，必须在使用之前先向操作系统提出资源申请要求（即打开串口），通信完成后必须释放资源（即关闭串口）。如图 3.81 所示为典型的串口通讯数据传输示意图，RXD 是发送数据线，TXD 是接收数据线，两个通讯端之间的收发信号端口 RXD 和 TXD 采用交叉互联的方式，RXD 接对方 TXD，TXD 接对方 RXD。

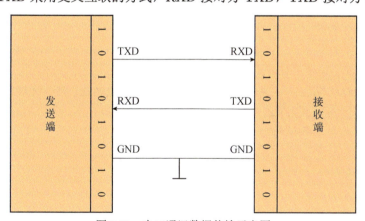

图 3.81　串口通讯数据传输示意图

串口通讯中重要的参数包括波特率、数据位、停止位和奇偶校验。波特率是一个衡量通信速度的重要参数，它表示每秒钟传送的 bit 的个数，串口异步通讯中因没有时钟信号，通讯双方以约定的波特率，即每个码元的长度，对信号进行解码，常用的波特率分别为 4800、9600、115200 等。数据位是衡量通信中实际数据位的参数，指实际传输的数据量，即每个字节包含的数据位数，通常为 5、6、7 或

8 位。停止位：用于同步，标志着每个字节数据的结束，有助于接收端正确解析数据。奇偶校验：提供简单的错误检测，通过添加一个额外的位（奇或偶校验位）来确保数据传输的完整性。在串口通讯中，常用的协议包括 UART（Universal Asynchronous Receiver/Transmitter）、RS-232、RS-485、MODBUS、CAN 总线和以太网，以及 USB 等，如图 3.82 所示为典型仪器中不同类型接口实物图。

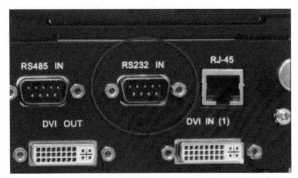

图 3.82　典型仪器中不同类型接口实物图

UART：UART 通信协议相对简单，易于实现和调试。作为最简单的串口协议，使用两根信号线进行通信，一根用于发送数据，一根用于接收数据，以异步方式工作，不需要时钟信号，适用于简单的数据传输。UART 是通用异步收发传输器，使用 RXD 和 TXD 两根线实现异步全双工通信。实际过程为确保通信的可靠性，在通信两边接共地。因此，完整的 UART 通信最少需 3 根线。

RS-232：亦称 EIA-RS-232，是一种广泛使用的串口通讯协议，由美国电子工业协会（Electronic Industry Association，EIA）联合贝尔系统公司、调制解调器厂家及计算机终端生产厂家于 1970 年共同制定，其全名是"数据终端设备（DTE）和数据通信设备（DCE）之间串行二进制数据交换接口技术标准"。总线规定了 25 条线，通常使用 9 条信号线，允许全双工通信，作为计算机通讯接口之一，通常 RS-232 接口以 9 个引脚（DB-9）或是 25 个引脚（DB-25）的型态出现，RS-232 规定的标准传送速率有 50 b/s、75 b/s、110 b/s、150 b/s、300 b/s、600 b/s、1200 b/s、2400 b/s、4800 b/s、9600 b/s、19200 b/s，可以灵活地适应不同速率的设备。采用负逻辑传送，规定逻辑"1"的电平为-5 V～-15 V，逻辑"0"的电平为+5 V～+15 V。选用该电气标准的目的在于提高抗干扰能力，增大通信距离，RS232 在理想条件下的传输距离约 15 m。若需要通信的距离更远（>15 m），则需附加调制解调器（Modem）。

RS-485：由美国电子工业协会（EIA）于 1983 年制订并发布 RS-485 标准，并经中国通讯工业协会（TIA）修订后命名为 TIA/EIA-485-A。RS-485 标准是为弥补 RS-232 通信距离短、速率低等缺点而产生的。RS-485 标准只规定了平衡发送器和接收器的电特性,而没有规定接插件、传输电缆和应用层通信协议。与 RS-422 类似,数据信号采用差分传输方式,亦称为平衡传输,采用一对双绞线,提供更高的抗噪声能力,传输距离更远,可达上千米。

MODBUS:MODBUS 是莫迪康公司在 1979 年开发的一种应用层报文传输协议,作为一个开源协议,MODBUS 可以使用以太网和串行通信接口。由于易于部署和维护,可靠性强,所以 MODBUS 已经成为工业领域标准通信协议。MODBUS 通讯可以通过多种物理接口实现,包括 RS-232 和 RS-485 等,通讯距离因接口类型而异。

CAN 总线:控制器局域网(Controller Area Network,CAN)总线是一种用于实时应用的串行通讯协议总线,它可以使用双绞线来传输信号,是世界上应用最广泛的现场总线之一。CAN 协议的特性包括完整性的串行数据通讯、提供实时支持、传输速率高达 1 Mb/s、同时具有 11 位的寻址以及检错能力,该协议的健壮性使其在工业处理控制、大型仪器控制和物联网中广泛应用。

以太网:以太网是一种计算机局域网络协议,最早由 IEEE 组织的 IEEE 802.3 标准制定了以太网的技术标准,它规定了包括物理层的连线、电子信号和介质访问层协议的内容。以太网串行(Ethernet over Serial)协议允许通过串口发送以太网数据帧,其快速的发展,使得该通讯协议在串口设备之间广泛使用。

USB:通用串行总线(Universal Serial Bus,USB)可认为是一种新兴的接口方式,并且这种新型接口将逐步取代其他的接口标准,在 1995 年由 Intel、Compaq、Digital、IBM、Microsoft、NEC 及 Northern Telecom 等计算机公司和通信公司联合制定而成。USB 总线是高速串行总线的一种,USB 总线在传输的同时还能为下级负载供电、安装十分方便、扩展端口简易、传输方式多样化,以及兼容良好。通用串行总线作为一个外部总线标准,已成为 21 世纪计算机与外部设备数据交互的标准接口。自 1995 年发布以来,USB 已经由最初的 1.0 版本发展到现在的 4.0 版本,传输速率从最初的几个 Mb/s 显著提升到现在的 Gb/s 量级。

3.6.2 虚拟串口通讯

虚拟串口驱动程序的配置过程可能略有不同,具体取决于用户使用的驱动程序和操作系统版本。常见的创建虚拟串口驱动程序有 Virtual Serial Port Driver(VSPD)、Virtual Serial Port、Free Virtual Serial Ports 等。虚拟串口技术允许在没有物理连接的情况下实现串口通讯,这在远程调试、测试和开发环境中非常有用。通过虚拟串口软件,用户可以选择让设备工作在服务器模式或客户端模式,具体取决于通信的需求。

本书将以 VSPD 虚拟串口驱动程序来介绍虚拟串口创建流程:首先下载和安装 VSPE 虚拟串口驱动程序。然后创建虚拟串口:虚拟串口驱动程序允许用户创建指定数量的虚拟串口对，每个对都包含两个虚拟串口，一个作为发送端口，另一个作为接收端口。如图 3.83 所示为软件安装成功后，通过"Add pair"菜单已创建了虚拟串口 COM2 和 COM3、COM4 和 COM5 结果图，其中 COM1 为物理通讯端口，已被其他设备占用。用户亦可以通过"Delete pair"或"Delete all"功能菜单删除不需要的虚拟串口。

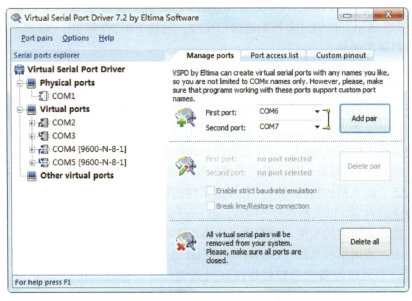

图 3.83　VSPD 创建虚拟串口程序界面

虚拟串口驱动软件可替代仿真串口模式，利用创建的虚拟串口，实现数据在两个虚拟串口之间通过内部缓冲区进行传输，而不需要物理串口的支持。此外，也可以利用虚拟串口连接到物理串口上，使得通过虚拟串口的数据可以通过物理串口进行传输，用户可以设置虚拟串口的各种参数，例如串口号、波特率、数据位、校验位、停止位等，以满足应用程序的需求。首先，利用串口助手软件来介绍串口通讯的实现过程。

用户先自行下载安装串口调试助手软件（ATK-XCOM 版本：V2.0），安装成功后双击运行该程序，可同时打开多个串口调试界面。在此同时打开 2 个串口调试助手程序界面，分别作为发送端和接收端，为了验收串口发送端和接收端的可逆性，在发送端界面中"单条发送"区域输入"Hello Laser Spectroscopy Enthusiasts"，接收端界面中"单条发送"区域输入"Hello LabVIEW Enthusiasts"。然后，分别通过软件界面"串口操作"按钮"打开串口"。注意：串口参数设置务必保持一致性，在此皆选择默认值。最后，分别通过单击"发送"按钮发送所输入的信息，软件执行命令后，分别将输入的文字信息"Hello Laser Spectroscopy

Enthusiasts" 和 "Hello LabVIEW Enthusiasts" 发送到接收端的显示窗口，如图 3.84
所示为基于串口调试助手软件实现串口通讯过程。学习者可进一步通过此串口调
试助手软件提供的其他功能属性串口通讯过程，更多的软件详情可在软件"帮助"
菜单中查阅到。

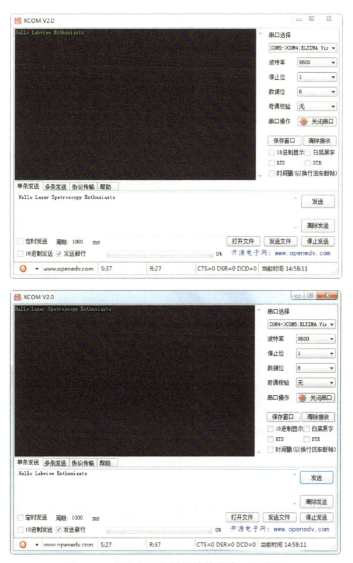

图 3.84　虚拟串口发射和接收信息显示窗口

3.6.3 LabVIEW VISA 串口助手

LabVIEW 图形化界面软件要实现与仪器设备之间的串口通讯，亦需要串口

助手驱动软件。VISA 是虚拟仪器软件结构体系（Virtual Instrument Software Architecture）的简称，VISA 是仪器编程的标准 I/O（Input/Output，输入输出）API（Application Programming Interface，应用程序编程接口），根据使用仪器的类型调用相应的驱动程序，用户无需学习各种仪器的通信协议。NI-VISA 为使用以太网、GPIB、串口（RS232/485）、USB 和其他类型仪器的用户提供通讯支持。VISA 作为一个 NI 仪器驱动程序，包括实用程序、底层控制功能和示例，可帮助用户快速创建应用程序。LabVIEW 软件中 VISA 串口助手需要独立下载 VISA 驱动软件，NI 官网上提供与 LabVIEW 相匹配的各种版本供用户下载。

VISA 串口通讯的主要功能分为数据写入、读取和关闭串口操作过程，据此分为三个 VISA 函数模块，这些函数模块位于 LabVIEW 函数面板中仪器 I/O 选板的子选板中 VISA 函数选板，分别对应 VISA 写入、VISA 读取和 VISA 设备清零。此外，包含高级 VISA、VISA 读取 STB 和 VISA 置触发有效，如图 3.85 所示。更多的 VISA 函数功能包含在"串口"函数选板中，如图 3.86 所示。

图 3.85   LabVIEW 函数面板中仪器 I/O 选板子选板 VISA 函数

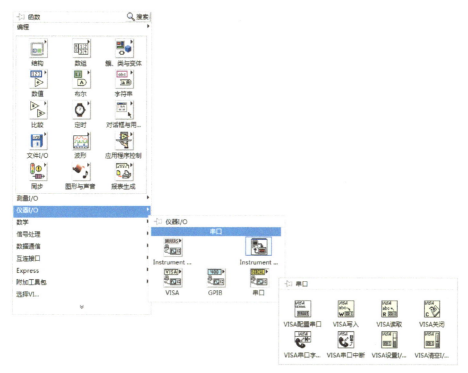

图 3.86 LabVIEW 函数面板中仪器 I/O 选板的子选板中串口函数

VISI 写入函数：使写入缓冲区的数据写入 VISA 资源名称指定的设备或者接口。依据不同的平台，数据传输可为同步或异步。右键单击节点，在快捷菜单中选择同步 I/O 模式——同步，可同步写入数据。硬件设备同步传输数据时，调用线程在数据传输期间处于锁定状态。依据传输的速度，该操作可阻止其他需要调用线程的进程。但是，如应用程序需尽可能快地传输数据，同步执行操作可独占调用线程。如图 3.87 所示为 LabVIEW 函数中 VISI 写入函数结构图。

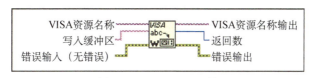

图 3.87 VISI 写入函数

VISA 资源名称：指定要打开的资源，也可指定会话句柄和类。 写入缓冲区：包含要写入设备的数据。错误输入（无错误）：表明节点运行前发生的错误，该输入将提供标准错误输入功能。VISA 资源名称输出：是由 VISA 函数返回的 VISA 资源名称的副本。返回数：包含实际写入的字节数。错误输出：包含错误信息。该输出将提供标准错误输出功能。

VISA 读取函数：从 VISA 资源名称指定的设备或接口中读取指定数量的字节，并使数据返回至读取缓冲区。依据不同的平台，数据传输可为同步或异步。右键单击节点，在快捷菜单中选择同步 I/O 模式»同步，可同步读取数据。如函数到达缓冲区末尾，出现终止符或发生超时，函数返回的数据类型数量可能少于请求值。　如图 3.88 所示为 LabVIEW 函数中 VISI 读取函数结构图。

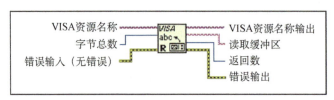

图 3.88　VISI 读取函数

各输入输出端口定义和以上 VISI 写入函数类似，VISA 资源名称：指定要打开的资源，VISA 资源名称控件也可指定会话句柄和类。　字节总数：是要读取的字节数量。错误输入（无错误）：表明节点运行前发生的错误。该输入将提供标准错误输入功能。VISA 资源名称输出：是由 VISA 函数返回的 VISA 资源名称的副本。读取缓冲区：包含从设备读取的数据。返回数：包含实际读取的字节数。

VISA 设备清零函数：对设备的输入输出缓冲区进行清零，各输入输出端口定义和以上函数选板中的定义类似，如图 3.89 所示为 VISI 设备清零函数控件结构图，在此不再赘述。

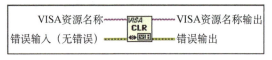

图 3.89　VISI 设备清零函数

此外，在 LabVIEW 函数中"串口"函数选板中亦包含了一个 VISI 关闭函数，如图 3.90 所示。在 LabVIEW 中使用 VISA 进行串口通讯时，关闭和清零是两个不同的操作，具有不同的功能和目的。VISA 关闭（VISA Close）操作主要是结束与串口设备的通信会话。这一操作确保了串口资源被正确释放，使得其他应用程序可以访问和使用该串口资源。即使使用了 VISA 关闭操作，如果 LabVIEW 代码中的其他部分仍然持有对该资源的引用（例如，通过一个属性节点访问 VISA 属性），可能会导致资源看起来仍然被占用。由于每次访问具有 VISA 资源的属性节点时，都会创建一个新的 VISA 资源，如果这些资源没有被正确管理，就可能导致资源冲突。VISA 清零（VISA Clear）操作，具体到串口通讯中，指的是清除串口缓存的数据。这通常通过使用 VISA Flush I/O Buffer 函数实现，该函数允许用户清除输入缓存或输出缓存的数据。通过设置不同的参数（如 Flush Input

Buffer 或 Flush Output Buffer)，可以分别针对输入缓存或输出缓存进行操作。因此，VISA 清零操作对于确保数据的正确性和避免数据冲突非常重要，尤其是在进行连续的数据传输时。

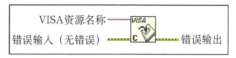

图 3.90 VISI 关闭函数

综上所述，关闭操作主要是管理串口资源的访问和释放，而清零操作则是针对串口缓存数据的清除，两者在串口通讯中扮演着不同的角色，共同确保了通信的可靠性和资源的有效管理。此外，还有高级 VISA、VISA 读取 STB 和 VISA 置触发有效等 VISA 函数功能模块，在此不再赘述，学习者可通过具体案例学习和实际操作过程进一步熟悉相应函数的功能。

3.6.4 LabVIEW 虚拟串口互通信程序设计

首先建立新 VI 程序，启动 NI LabVIEW 程序，选择新建（New）选项中的 VI 项，建立一个新 VI 程序。进入框图程序设计界面，在设计区的空白处单击鼠标右键，显示函数（Functions）选板。要实现 LabVIEW 虚拟串口互通信，需要设计数据发送模块和数据接收模块，通过以下步骤创建所需的函数和各函数控件之间的设计操作：

（1）数据发送模块：主要包括一个 VISA 配置串口函数（VISA Configure Serial Port）、一个 VISA 写入函数和一个 VISA 关闭函数或一个 VISA 设备清零函数。

（2）创建完成以上必须的函数选板之后，即可以进行数据发送模块程序设计：将 VISA 写入函数的"VISA 资源名称"输入端口与 VISA 配置串口函数的"VISA 资源名称"输出端口相连接，以及 VISA 写入函数的"VISA 资源名称"输出端口与 VISA 关闭函数的"VISA 资源名称"输入端口相连接，并在 VISA 写入函数的"写入缓冲区"端口创建写入控件用于输入发射的数据，VISA 配置串口函数的"VISA 资源名称"输入端口创建输入控件用于选择 COM 端口号，通过此函数对应的前面板控件下拉按钮即可查看当前计算机设备所包含的所有 COM 端口号。

（3）数据接收模块：主要包括一个 VISA 配置串口函数、一个 VISA 读取函数和一个 VISA 关闭函数或一个 VISA 设备清零函数。

（4）创建完成数据接收模块必须的函数选板之后，即可以进行数据接收模块程序设计：同理，将 VISA 读取函数的输入和输出端分别与 VISA 配置串口函数输出端和 VISA 设备清零函数的输入端口进行连接，并分别创建读取数据所必须的 COM 端口选择控件和用于显示读取到的数据的显示窗口。

（5）数据发送模块与数据接收模块之间的通讯设置：VISA 写入函数的"返回数"输出端口和 VISA 读取函数的"字节总数"输入端口（即要读取的字节数量）相连接。

（6）最后，设计完成的简单虚拟串口交互式通信程序框图，如图 3.91 所示。在前面板信息输入控件输入发射信息，单击 LabVIEW 程序运行按钮，将会在显示信号窗口看到所发送的信息。

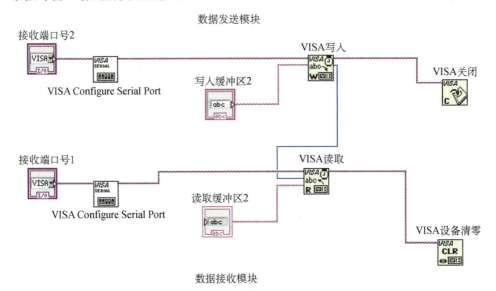

图 3.91 LabVIEW 虚拟串口交互式通讯：数据发送模块与数据接收模块

以上 LabVIEW 程序设计过程实现了虚拟串口交互式通讯过程，相比于商业化串口助手软件中，尚缺少美观的界面和操作菜单项等功能，这些都可以利用图形化编程软件 LabVIEW 中前面板"控件"选板中包含的丰富控件实现。在以上程序的基础上，通过添加一个条件结构函数即可实现"发送"操作按钮，以及通过循环函数实现"停止"通讯操作按钮，完成的 LabVIEW 单机交互式虚拟串口通讯程序框图，如图 3.92 所示，以"安徽大学"作为发送的通讯数据，程序运行后相应的前面板显示结果如图 3.93 所示。

针对串口通讯中重要的配置参数：波特率、数据位、停止位和奇偶校验等信息，实际应用中通常需要调整和设置，这类参数都可以利用显示和输入控件进行参数设置。如图 3.94 和图 3.95 分别为基于 LabVIEW 软件编写的串口助手软件前面板和程序框图，学习者可以自行结合商业化串口助手软件功能，进一步学习和丰富 LabVIEW 串口助手软件设计。

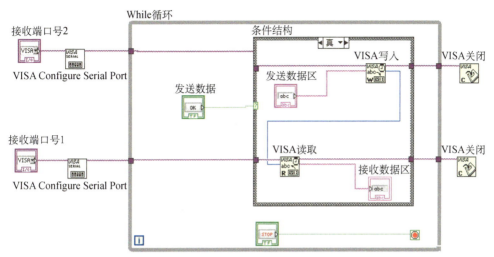

图 3.92 基于 LabVIEW 单机交互式虚拟串口通讯程序框图

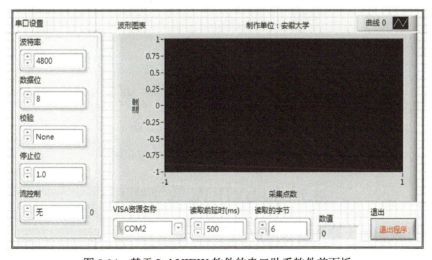

图 3.93 基于 LabVIEW 单机交互式虚拟串口通讯前面板

图 3.94 基于 LabVIEW 软件的串口助手软件前面板

图 3.95　基于 LabVIEW 软件的串口助手软件程序框图

现代仪器设备中，通信接口种类繁多，不同的仪器根据其性能和功能需要，可能采用不同的通信接口，串口通讯作为一种单向或双向通信的方式，一般只用于数据传输量较小的小型机和仪器间的通信。LabVIEW 仪器 I/O 函数库中还包含了通用接口总线（General-Purpose Interface Bus，GPIB，又称 IEEE-488 总线）通讯驱动函数，如图 3.96 所示，在此不再赘述，感兴趣者可自行参阅《现代激光光谱技术及应用》书籍中数据采集与通讯章节了解相关内容介绍。当前，GPIB是一种非常高级的通信接口，采用双向传输方式，传输速率可达 1 Mb/s，但最大传输距离只有 20 m 左右，GPIB 亦具有较好的通讯稳定性，可支持多机控制，在仪器控制领域广泛应用。

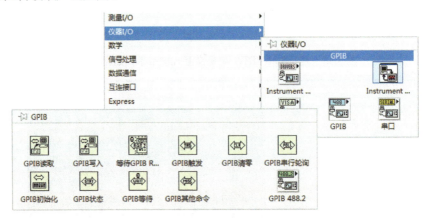

图 3.96　LabVIEW 函数库中 GPIB 通讯模块

3.7　LabVIEW 数字锁相

3.7.1　锁相放大器的基本原理

锁相放大器（亦称为相位检测器，Lock-in Amplifier，LIA）是一种可以从干

扰极大的环境中分离出特定载波频率信号的放大器。锁相放大器技术于 20 世纪
30 年代由普林斯顿大学的物理学家罗伯特·H. 迪克发明。1962 年，美国 EG&G
普林斯顿应用研究公司（PARC）（即 SIGNAL RECOVERY 的前身）研发出了世
界上第一台锁相放大器，这一重大突破彻底革新了微弱信号检测技术，为科学研
究和工程技术的推进提供了强大的工具。锁相放大器根据正弦函数的正交性原理，
采用零差检测方法和低通滤波技术，测量相对于周期性参考信号的信号幅值和相
位，如图 3.97 所示为锁相放大器的基本原理示意图。

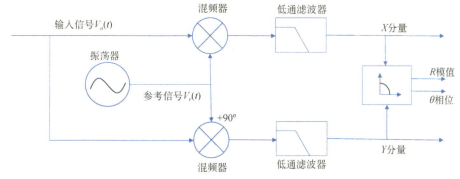

图 3.97　锁相放大器基本原理示意图

锁相放大器主要分为信号通道、参考通道和相关器三个核心模块。信号通道
通常由输入变压器、低噪声前置放大器、各种功能的有源滤波器和放大器等器件
组成，主要功能是将伴有噪声的待检测微弱信号进行放大，并带有抑制和滤除部
分干扰噪声的功能。参考通道通常包括触发电路、倍频电路、相移电路、方波模
拟电路及驱动电路等部分，其功能是输出和信号同步的参考信号源，通常为方波
或正弦波，用以驱动相关器的场效应管开关。相关器的功能是完成待测信号与参
考信号之间的互相关函数运算，主要包括乘法器和低通滤波器，要实现任意噪声
中的微弱信号检测分析，需具有动态范围宽、漂移量小、时间常数可调、线性度
好、增益稳定和曲率范围宽等性能。如图 3.98 所示为锁相放大器中乘法器和低通
滤波器运算过程，可见锁相放大器检测技术本质上是通过提取以参考频率为中心
的指定频带内的信号，进而实现有效滤除所有其他频率分量。

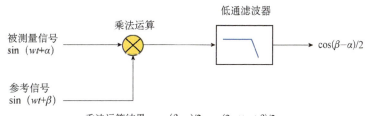

图 3.98　乘法器和低通滤波器运算过程

　　随着技术的不断进步，微弱信号检测技术及其仪器在众多科学领域得到了广泛应用，对技术的需求日益增长，同时也催生了新的检测原理和方法的诞生。当前国际上普遍使用的锁相放大器硬件有美国斯坦福（Stanford Research Systems）研制的 SR 系列数字锁相放大器和瑞士苏黎世仪器（Zurich Instruments）研制的 MFLI 系列数字锁相放大器。例如：美国斯坦福 SR830 型数字锁相放大器提供超过 100 dB 的动态储备，频率范围为 1 mHz～102.4 kHz，5ppm 的稳定度和 0.01 度的相位分辨率，GPIB 和 RS-232 通讯接口，支持 VISA、SICL、SCPI、VEE、Visual C、Visual Basic 等接口，具有方便的自动测量性能，宽广的时间常数选择，以及一个具 80 dB 频谱纯度的内置信号源，足以应对最为苛求的运用，如图 3.99 所示为 SR830 型数字锁相放大器实物图。

图 3.99　美国斯坦福 SR830 型数字锁相放大器实物图

　　瑞士苏黎世仪器 MFLI 系列数字锁相放大器提供超过 120 dB 的动态储备，频率范围为 DC-500 kHz，频率分辨率为 1 μHz，相位分辨率为 10 μdeg，采样率可达 60 MSa/s 和 16 bit，可通过基于浏览器的仪器控制软件 LabOne 工具箱和 USB2.0 及 1 GbE 高速连接，并支持 MATLAB、LabView、.NET、C、Python 等接口，其实物图如图 3.100 所示。

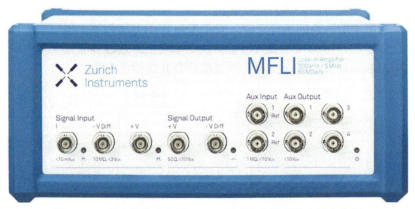

图 3.100　瑞士苏黎世仪器 MFLI 系列数字锁相放大器实物图

如今，商业化锁相放大器具有高达 120 dB 的动态储备，意味着此类放大器可以在噪声幅值超过期望信号幅值百万倍的情况下实现精准测量。几十年来，随着科技的不断发展，锁相放大器的功能极其丰富多样，与频谱分析仪和示波器等大型仪器设备一样，锁相放大器已经成为各种实验室装备中的核心工具，比如物理、工程和生命科学等。相比而言，依据相位敏感检测技术原理设计的软件锁相放大器，具有成本低、便于集成等显著优势。近年来，基于 LabVIEW 软件的数字锁相放大器在科学研究和工程应用中普遍受到青睐。为此，本章将结合波长调制光谱信号的解调方法，开展基于 LabVIEW 软件的数字锁相放大器设计，以提升学习者对锁相放大器工作原理的理解。

3.7.2 LabVIEW 数字锁相放大器设计

依据锁相放大器包含的三个核心模块的基本结构原理，利用 LabVIEW 来实现虚拟锁相放大器设计，首先需要在 LabVIEW 后面板程序框图中创建信号源、噪声源、参考信号、加法器、乘法器、滤波器、输出和显示函数控件等。然后，依据锁相放大器的原理搭建 LabVIEW 数组锁相放大器的程序框架。据此，利用仿真信号函数分别创建正弦输入信号、均匀噪声信号和正弦参考信号，并将正弦输入信号和均匀噪声信号通过加法器相叠加作为待分析处理信号源，再将其与正弦参考信号通过乘法器运算后输入到低通滤波器。最后，结合显示窗口等控件，将锁相放大器解调前后的信号源同时输入到显示窗口进行对比。综上所述，基于 LabVIEW 设计的数字锁相放大器后面板程序框图，如图 3.101 所示。

与以上后面板程序框图相对应的 LabVIEW 数字锁相放大器前面板，如图 3.102 所示。将输入正弦信号的幅值、频率和相位分别设为 1 V、60 kHz 和 30°，噪声信号幅值设为 0.5 V，参考正弦信号的幅值、频率和相位分别设为 1 V、60 kHz、0°或 90°时，两路正弦信号经过乘法器相乘后有二倍频、单频信号和直流信号，经过低通滤波器滤除二倍频和单频信号之后，剩下的只有直流信号。根据锁相检测原理可知，与 0°相位参考信号相乘输出的是实部信号，而与 90°相位参考信号相乘输出的则是相应的虚部信号，最后经过正交解调后的幅值和相位如前面板窗口所示。综上所述，可见利用图形化 LabVIEW 软件实现数字锁相放大器的基本功能相对比较简单，如果要实现商业化硬件锁相放大器的各种参数可调功能，还需要结合各个功能模块的具体原理，才能实现更丰富的功能。相关实践案例的介绍将在后续有关 LabVIEW 在激光光谱中应用章节内给予详细的阐述，尤其是调制技术类激光光谱（如：波长调制光谱和光声光谱等），信号的解调过程都涉及锁相放大器，利用软件类数字锁相放大器解调光谱信号将为开发低成本、高灵敏度激光光谱系统提供诸多显著优势。

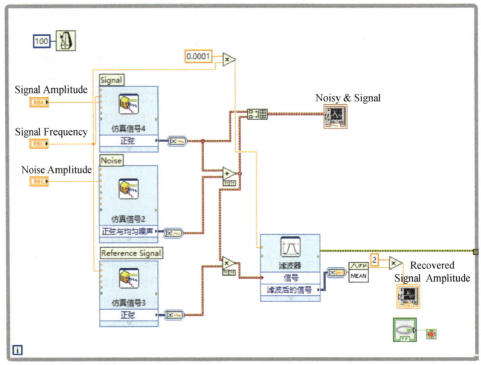

图 3.101　LabVIEW 数字锁相放大器后面板程序框图

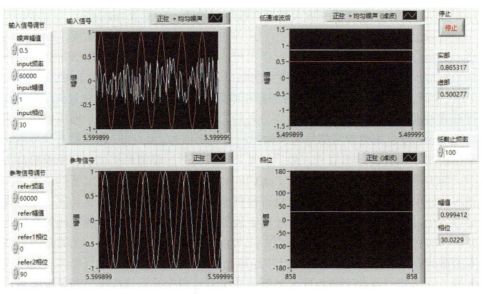

图 3.102　LabVIEW 数字锁相放大器前面板

3.8 LabView PID 控制算法

3.8.1 PID 算法理论

PID 即：Proportional（比例）、Integral（积分）、Differential（微分）的缩写。顾名思义，PID 控制算法是结合比例、积分和微分三种环节于一体的控制算法，作为工业应用领域中一种经典的算法，出现于 20 世纪 30 至 40 年代。如图 3.103 所示 PID 算法基本框架原理图，可见 PID 控制的实质就是根据输入的偏差值，按照比例、积分、微分的函数关系进行运算，运算结果用以控制输出。

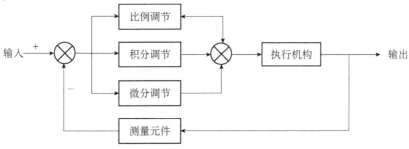

图 3.103 PID 算法基本框架原理图

PID 算法通过误差信号控制被控量，而控制器本身就是比例、积分、微分三个环节的加和。假设在 t 时刻输入量为 $i_{(t)}$，输出量为 $o_{(t)}$，那么偏差量为

$$u_{(t)} = k_p \left(\mathrm{err}_{(t)} + \frac{1}{T_i} \cdot \int \mathrm{err}_{(t)} d_t + \frac{T_D d_{\mathrm{err}_{(t)}}}{d_t} \right)$$

$$\mathrm{err}_{(t)} = i_{(t)} - o_{(t)}$$

在实际应用中，PID 控制器通常运行在数字系统中，如计算机或微处理器。因此，通常需要将 PID 算法从连续时间域转换为离散时间域。离散化的过程主要包括对比例、积分和微分项的近似处理。假设采样间隔为 T，则在第 K 个 T 时刻的偏差等于：

$$\mathrm{err}_{(k)} = i_{(k)} - o_{(k)}$$

积分环节用加和的形式表示，即

$$\text{err}_{(k)} = \text{err}_{(k+1)} + \cdots$$

微分环节用斜率的形式表示，即

$$[\text{err}_{(k)} - \text{err}_{(k-1)}] / T$$

那么，可得到 PID 算法离散化后的表达式为

$$u_k = k_p \left[\text{err}_{(k)} + \frac{T}{T_i} \cdot \sum \text{err}_{(i)} + \frac{T_D}{T}(\text{err}_{(k)} - \text{err}_{(k-1)}) \right]$$

上式可进一步简化为

$$u_k = k_p \left[\text{err}_{(k)} + k_i \cdot \sum \text{err}_{(i)} + k_d(\text{err}_{(k)} - \text{err}_{(k-1)}) \right]$$

其中，比例参数 k_p 表示控制器的输出与输入偏差值呈比例关系。当系统出现偏差时，通过比例调节作用以减少偏差。

积分参数 k_i 在积分环节用来消除静差，所谓静差，就是系统稳定后输出值和设定值之间的差值，积分环节实际上就是偏差累积的过程，把累计的偏差加到原有系统上以抵消系统造成的静差。

微分参数 k_d 反应偏差信号的变化规律或变化趋势，根据偏差信号的变化趋势来进行超前调节，从而增加了系统的快速性。

以上所述的 PID 离散化形式属于位置型 PID，另外还有一种表述方式为增量式 PID，其表达式为

$$u_{(k-1)} = k_p \left[\text{err}_{(k-1)} + k_i \cdot \sum \text{err}_{(i)} + k_d(\text{err}_{(k-1)} - \text{err}_{(k-2)}) \right]$$

依据上式可推导出离散化 PID 的增量式表示方式：

$$\Delta u_{(k)} = k_p(\text{err}_{(k)} - \text{err}_{(k-1)}) + k_i \text{err}_{(k)} + k_d(\text{err}_{(k)} - 2\text{err}_{(k-1)} + \text{err}_{(k-2)})$$

可见增量式的表达结果和最近三次的偏差有关，很大程度上提高了系统的稳定性。需要注意的是 PID 最终输出结果应该为：输出量 $= u_{(k)} +$ 增量调节值。

3.8.2 LabVIEW PID 程序设计

以下将以位置型 PID 算法学习基于 LabVIEW 的温度实时监测和 PID 控制

程序设计。为了减小硬件温度传感器的兼容性问题，此处通过创建一个 LabVIEW 模拟温度传感器用于温度测量实验。要创建一个测量温度的子 VI 程序，该程序显示温度的单位可以选择为华氏度或摄氏度，并建立其图标连接口，使之可被其他 VI 程序作为子程序调用，如图 3.104 所示为设计的 LabVIEW 模拟温度传感器程序前面板和后面板界面图。

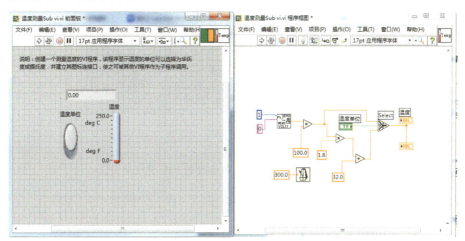

图 3.104　LabVIEW 模拟温度传感器程序前面板和后面板

PID 主 VI 程序的创建，首先打开 LabVIEW 新建一个 VI 程序，在前面板上右击鼠标，从弹出的 Controls 模板中选择 Waveform Chart，标注为"PID 控制器输出"，将曲线图例拉长至能显示三个图例，分别标注为实测值、设定值、PID 响应，并分别选择线型和线条色彩。用同样的方法选择四个 Numeric Control，分别标注为比例增益 Ki、积分系数 Kd、微分系数 Kp 和设定值。再选两个显示控件，分别标注为 e(k)和 e(k-1)。最后创建一个控制开关控制程序运行与停止。如图 3.105 所示为利用积分比例运算创建的 PID 算法前面板。

在后面板上单击 Show Block Diagram 弹出程序框图，在流程图中放置一个 While 循环，在 While 循环中放置一个模拟温度采集的子 VI 作为 PID 调节器的实测值。依据 PID 算法理论，需要将实测值与理论设定值进行差值计算，用两组移位寄存器依次将偏差传递。偏差分别与比例增益、积分增益、微分增益相乘，再用一个加法复合运算器输出。波形输出用捆绑簇控件将四通道数据通过一个 Waveform Chart 动态显示。如图 3.106 所示为利用积分比例运算创建的 PID 算法后面板。

打开设计好的 LabVIEW 程序，在前面板上分别设置实测值比例增益 Ki、积分系数 Kd、微分系数 Kp 和设定值的大小。各项参数设置好以后，单击运行按钮就可以看到实时输出的测量值、设定值和控制量实时响应曲线，可通过调节和优化各个比例系数，确定最佳输出结果。

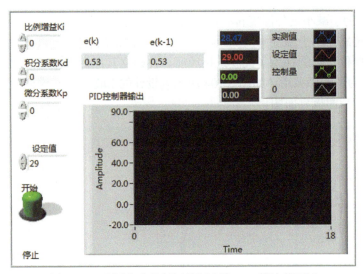

图 3.105　利用积分比例运算创建的 PID 算法前面板

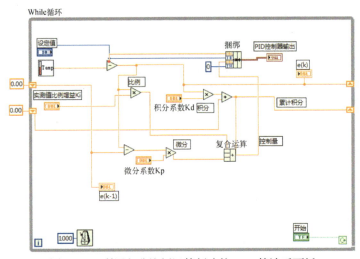

图 3.106　利用积分比例运算创建的 PID 算法后面板

3.8.3　LabVIEW PID 工具包

　　LabVIEW 库函数中包含许多 PID 工具包，可极大地帮助设计基于 PID 的控制系统。PID 工具包中 VI 程序具有控制输出范围限制、集成器防饱和、对 PID 增益改动的控制器稳定输出等功能，PID 高级 VI 包括 PID VI 的所有功能。此外，PID VI 还有非线性积分、双自由度控制和误差平方控制等功能。打开 LabVIEW 后面板，右键显示"函数"选板中"控制和仿真"自选板中包含了许多"PID"库函数，如图 3.107 所示。

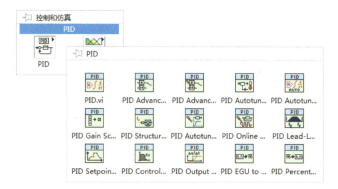

图 3.107　LabVIEW 函数选板中的 PID 工具包选板

如图 3.108 所示为工具包中 PID 函数控件和高级的 PID 函数控件。总体上，PID 函数模块主要通过在输入端给 PID 3 个参数值：PID 增益（PID gains）、系统反馈值即过程变量（process variable）、实际期望值即设定值（setpoint），以及微分时间（dt），便能得到需要的输出值（output）。该 PID 算法功能可通过积分抗饱和算法和无扰控制器输出，控制输出范围限制以用于 PID 增益改变。单控制循环可通过该 VI 的 DBL 实例实现，并行多循环控制可通过 DBL 数组实例实现。

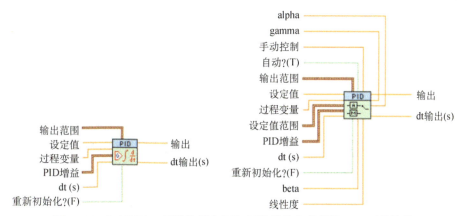

图 3.108　LabVIEW 函数选板中 PID 函数控件和高级的 PID 函数控件

在前面介绍的 PID 理论和实例的基础之上，可直接通过 LabVIEW 工具包中的 PID 函数控件实现简单的 PID 控制，具体操作过程不再赘述，创建如图 3.109 所示的 LabVIEW PID 算法程序框图。

为测试程序运行效果，如图 3.110 所示输入设定值（Set point）为 100.5，再创建一个 0～1 之间的随机数并且与常量 100 相加，使其 PID 的输入在 100～101 之间随机波动。调节不同的比例增益（proportional gain）来达到不同的控制效果，利用 PID feedback 系数与原输入相加，获得反馈后的输入，最终结果显示在 Input after feedback 显示控件中, 基本上稳定在设定值大小, 可见 PID 算法反馈具有很好的效果, 如图 3.110 所示的 PID 算法程序框图前面板。

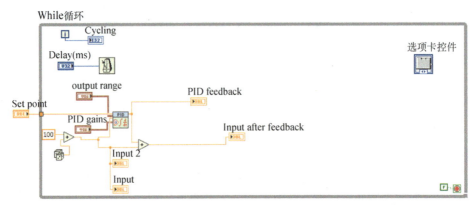

图 3.109   基于 LabVIEW 函数中 PID 函数控件的 PID 算法程序框图

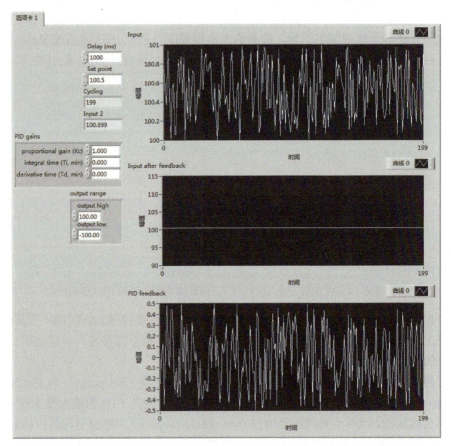

图 3.110   基于 LabVIEW 函数中 PID 函数控件的 PID 算法前面板

3.8.4 LabVIEW PID 在激光光谱中应用

激光光谱中激光器输出波长的稳定性对测量结果的精确度具有显著的影响，通常需要借助高精度电子学控制设备用于稳定激光器的输出。然而，商业化高精度电子学设备成本较高，且不利于仪器系统的便携式集成。板卡式电子学控制电路板成本相对较低，便于仪器集成，但控制精度有限。为此，实际应用中可结合 PID 软件算法助力电子学硬件实现激光器的稳定输出。在此，将以广泛应用的波长调制激光光谱为例，介绍基于 LabVIEW 软件 PID 算法实现半导体激光器中心波长的稳定控制。

首先建立如图 3.111 所示的基于频分复用技术的 CH_4 和 CO_2 双气体波长调制光谱测量实验系统。实验系统主要包括中心波长分别在 1653.7 nm@CH_4 和 1579.6 nm@CO_2 附近的光纤输出型半导体激光器及其控制单元，两束激光经过一个 2×2 光纤耦合器耦合，并通过两个光纤准直器输出。一路组合光束经过两个镀银平面镜和一个镀金离轴抛物面镜反射后，耦合到最大光程为 76 m 的 Herriott 型长程吸收池。另一路组合光束通过一个镀银平面镜反射到有效光程为 31 cm 的参考池。从长程池透射出来的光经过另一个离轴抛物面镜聚焦反射到近红外探测器 PD1（New Focus 2053），参考池的透射光则由相同的近红外探测器 PD2 接收。两路信号同时输入到 USB 型 DAQ 数据采集卡（NI USB-6259）实现 AD 转换，并输入到基于 LabVIEW 软件自行编写的上位机系统控制和数据采集系统中进行分析处理，如图 3.112 所示。

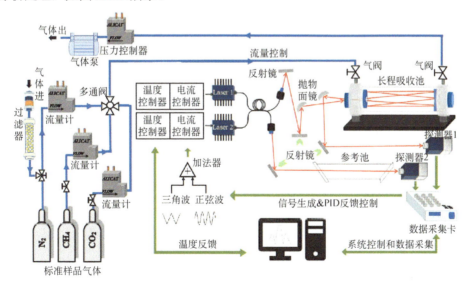

图 3.111 基于频分复用技术的 CH_4 和 CO_2 双气体波长调制光谱测量实验系统示意图

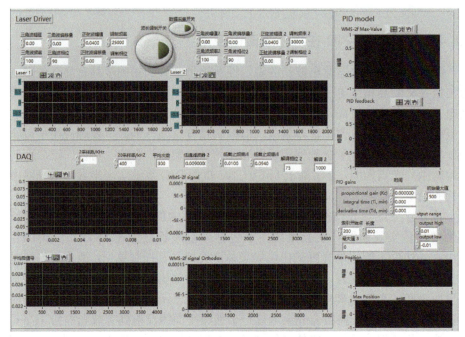

图 3.112　实验系统控制程序前面板

LabVIEW 上位机软件主要包括 Laser Driver 模块、DAQ 模块和 PID 模块。Laser Driver 模块用于模拟输出激光器输出波长调谐和调制信号，通过采集卡中 DA 通道输出到激光器控制单元，如图 3.113 所示。DAQ 模块用于采集波长调制

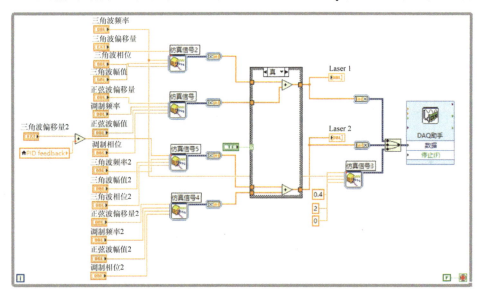

图 3.113　实验系统 Laser Driver 模块程序框图

光谱信号和解调二次谐波信号等信号处理过程,而 PID 模块与 DAQ 模块相关联,用于激光器波长稳定性监控,如图 3.114 所示。此外,气体采样系统主要由三个流量控制器(MCR-2000 slpm ALICAT)、一个真空泵、特氟龙采样管和滤器、气阀等器件组成,以及商业化标准气体样品等。

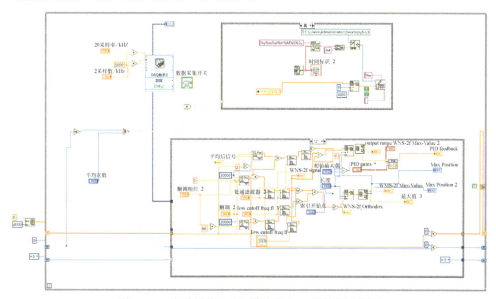

图 3.114　实验系统 DAQ 模块和 PID 模块程序框图

如图 3.115 所示为基于半导体激光器的波长调制激光光谱 PID 反馈控制算法流程示意图,主体设计思路是利用参考池提供的高信噪比参考信号和数字锁相(LIA)解调出高信噪比二次谐波(WMS-2f)信号,利用 WMS-2f 信号最大值位置与分子吸收谱线中心位置的对应关系,再利用 PID 控制器根据当前的横坐标与目标中心位置之间的偏差,通过计算比例项的加权和,并将反馈量转化成电流或

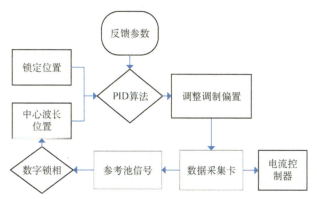

图 3.115　波长调制激光光谱 PID 反馈控制算法流程示意图

电压值反馈给激光器控制单元，来生成控制信号，以调整半导体激光器的输出波长。通过不断地调整反馈输入量，PID 控制器能够使 WMS-2f 信号横坐标稳定在所选吸收跃迁的中心位置，从而实现半导体激光器波长的稳定性反馈控制，如图 3.116 所示为基于 LabVIEW 的波长调制光谱 PID 算法框图程序。

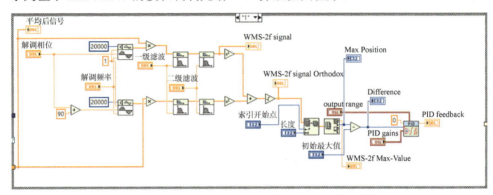

图 3.116　基于 LabVIEW 的波长调制光谱 PID 算法框图程序

本实验中采用两个近红外半导体激光器同时测量甲烷和二氧化碳两种气体分子，两个激光器工作温度分别为 30℃ 和 26℃，分别对应 6046.95 cm^{-1}（即 1653.7 nm）附近的 CH_4 吸收谱线和 6330.72 cm^{-1}（即 1579.6 nm）附近的 CO_2 吸收谱线。实验中通过迭代修正后的补偿电压被传输到激光控制器中，从而实现激光器波长的稳定性控制。

在测试中，将浓度为 50 ppm 的 CH_4 和浓度为 2000 ppm 的 CO_2 注入参考池，通过观察 WMS-2f 信号最大值的横坐标变化来监测激光器的漂移情况。如图 3.117 所示比较了 PID 算法关闭和开启模式下 CH_4 和 CO_2 的 WMS-2f 信号横坐标变化情况。在 PID 算法关闭模式下，CH_4 分子对应的激光器漂移波数为 0.0021 cm^{-1}，而在 PID 算法开启模式下波动降低到 $2.52×10^{-4}$ cm^{-1}。在 PID 算法关闭模式下，CO_2 分子对应的激光器漂移波数为 0.0148 cm^{-1}，而在 PID 算法开启模式下波动降低到 0.0074 cm^{-1}。

如图 3.118 所示，在 PID 算法关闭模式下观察到 CH_4 和 CO_2 的 WMS-2f/1f 信号随时间变化呈现较大的波动，当采用波长稳定方案时，即 PID 算法开启模式下，WMS-2f/1f 信号波动减小，激光器的稳定性得到了改善。当驱动电压保持恒定时，在 PID 算法关闭模式下 CH_4 和 CO_2 的 WMS-2f/1f 信号波动分别约为 0.01 和 0.004，当 PID 算法开启时，WMS-2f/1f 信号波动分别约为 0.004 和 0.001，由统计标准偏差计算可得信号幅值稳定性分别提高了 3.8 倍和 3.6 倍。测量结果显示 PID 算法对半导体激光器的波长稳定性控制具有较好的效果，可实现更高精度的气体测量。

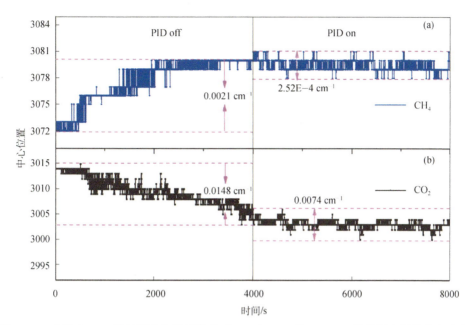

图 3.117 实验中 PID 算法开启和关闭模式下 CH_4 和 CO_2 的 WMS-2f 信号横坐标偏移点动态监测结果

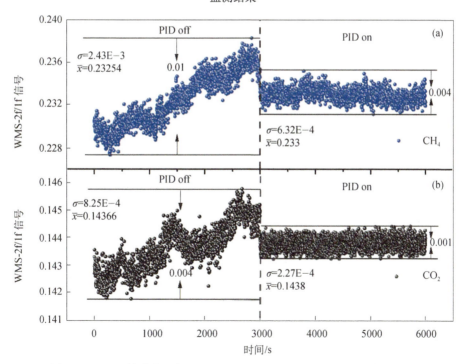

图 3.118 PID 算法应用中 CH_4 和 CO_2 的 WMS-2f/1f 信号幅值变化情况

最后，将以上所述建立的实验系统安置在安徽大学校园（中国，合肥）开展长时间大气 CH_4 和 CO_2 同时观测和系统评估研究。实验中激光器波长扫描速率为 100 Hz，同时记录 CH_4 和 CO_2 光谱信号，并通过基于 LabVIEW 的双通道数字正交锁相 LIA 对平均后的光谱数据进行实时分析，实验系统的时间分辨率约为 1 s。如图 3.119 所示为连续 2 天时间观测的大气 CH_4 和 CO_2 浓度变化情况，为评估连续测量过程中的实际测量精度，选择如图中所示相对稳定浓度区间的 CH_4 和 CO_2 数据进行统计分析，计算出平均值和标准偏差（1σ）如图中所标注，可见所建立的波长调制双分子测量系统实测精度分别可达 0.01 ppm 和 0.4 ppm。总体而言，两天的长时间测量展现出了相同的日变化趋势，证明了所建立的激光光谱双气体探测系统的可靠性，实验系统的可靠性与 PID 算法对实现激光器输出波长稳定性控制具有不可忽略的支撑作用。

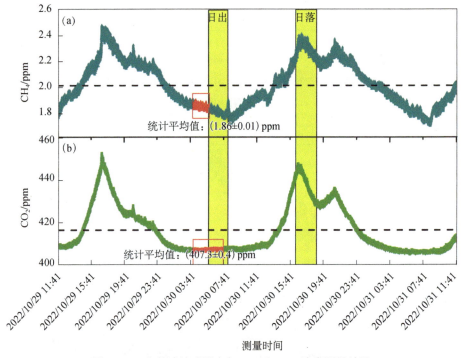

图 3.119　室外连续观测大气 CH_4 和 CO_2 浓度测量结果

第 4 章　LabVIEW 科学研究与工程实践篇

基于图形化编程语言和开发环境的 LabVIEW 软件提供了强大的控制设计和仿真模块，使其在日常科学实验和工程实践中得到广泛应用。LabVIEW 数据可视化与人机交互提供了丰富的图形化界面设计工具，方便用户设计数据可视化和人机交互操作界面，增强数据操作过程可视化效果。LabVIEW 数据采集与分析功能提供 DAQ 助手、VISA、GPIB 和串口等通讯协议及方式，实现与科学仪器设备或传感器无缝集成进行实时信号采集、传输、处理分析和存储，可实现物联网系统的实时通讯和远程控制。LabVIEW 信号分析与图像处理函数库，亦提供了大量信号滤波、频谱分析、图像处理分析等功能，广泛用于大气环境、生物医学、航空航天、军事防务、能源等众多领域的科学实验。LabVIEW 的图形化编程环境和丰富的硬件接口支持，以及强大的数据采集和分析功能，能够实时监控生产过程中的关键参数，进行质量检测和缺陷识别，使其在机器人控制和自动化装配系统中具有独特的优势，在自动化工业生产线中的应用，通过实现高效和精确的质量检测、机器人引导、识别跟踪、分类分拣和装配验证等功能，显著提升了生产效率和产品质量监控，推动了制造业向智能化和自动化方向发展。

本章将围绕现代激光光谱技术及应用，重点介绍 LabVIEW 结合传感器（温湿度和气压传感器、声卡和摄像头）在激光光谱科学研究实验（光声光谱、吸收光谱、调制光谱等）和工程实践（深海传感器研发）过程助力激光光谱发展。

4.1　LabVIEW 温湿度和压力实时监测系统

环境温湿度和气压的实时监测，对于现代化工业生产、物品管理和仓库存储等环节，以及智慧农业等行业和领域具有重要的必要性。通过实时监测、精准控制、预警报警、数据记录与分析、远程监控与管理等功能，可有效提升仓储管理的效率和安全性，保障产品品质，提高农产品产量和质量。通常环境温湿度和气压监控系统，需要具有集数据采集、传输、处理、显示、报警于一体的智能化管理功能。针对此行业需求，本节通过选择可同时测量温度、湿度和气压的 MEMS（Micro Electro-Mechanical System）传感器为硬件，结合 LabVIEW 软件，介绍实时监测环境温湿度和气压的传感器系统的设计和开发。所选 MEMS 传感器温度测量范围为−40～+80 ℃，测量精度为±0.5 ℃，温度分辨率为 0.1 ℃；湿度测量范围为 0～99.9%RH，测量精度为±3%RH，湿度分辨率为 0.1%RH；压力测量范围为 300～1100 hPa，测量精度和分辨率分别为 10 Pa 和 1 Pa。该传感器集成 I2C 接口，通过 24-bit ADC 进行数字化处理，输出温湿度和压力数据。目前，商业化传感器都具有可供二次开发的动态库函数文件，动态链接库（Dynamic Link Library，DLL）是一个可以多方共享的程序模块，内部对共享的例程和资源进行了封装。动态链接库文件的扩展名一般是.dll，DLL 和可执行文件（EXE）非常类似，最大的区别在于 DLL 虽然包含了可执行代码却不能单独执行，必须由 Windows 应用程序直接或间接调用。为了在 LabVIEW 中能够调用其他语言编写的程序，其提供了强大的外部程序接口能力，这些接口包括 DLL、C 语言接口（CIN）、ActiveX、NET. DDE、MATLAB 等。通过 DLL，用户能够方便地调用 C、VC、VB 等编程语言编写的程序。因此，本节通过示例来学习如何调用外部 DLL。

如图 4.1 所示，在 LabVIEW 后面板函数中选择"互连接口"中"库与可执行程序"自选板即可看到"调用库函数节点"函数控件。创建"调用库函数节点"函数控件后，选中该函数控件单击右键选择"帮助"或"范例"即可弹出如图 4.2 所示的"调用库函数节点"选板详细说明。

图 4.1　LabVIEW 函数中"互连接口"子选板调用库函数节点

调用库函数节点
所属选板：库与可执行程序VI和函数
必需：基础版开发系统
直接调用DLL库或共享库。
该函数为可扩展函数，可显示已连线的输入端和输出端的数据类型，与捆绑函数相似。通过配置调用库函数节点，可指定库、函数、参数、节点的返回值、调用规范以及函数调回。
详细信息　范例

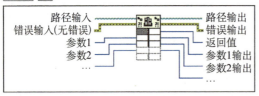

添加至程序框图　　在选板中定位

图 4.2　"调用库函数节点"选板说明

调用库函数节点可用于调用以文本编程语言编写的代码，该函数支持众多数据类型和调用规范。该节点可用于调用大多数标准或自定义 DLL 或共享库中的函数。如需调用含有 ActiveX 对象的 DLL，可使用打开自动化函数与属性节点和调用节点。该函数由成对的输入端和输出端组成。接线端可单个使用，也可成对使用。如节点未生成返回值，可不使用最顶部的接线端。除最顶部的一对接线端外，其他每对接线端从上至下依次对应调用函数参数列表中的参数。连线左侧的接线端即可为函数传递值。从右侧的接线端开始连线，可读取函数调用后参数的值。右键单击节点，在快捷菜单中选择配置，可显示调用库函数对话框，在该对话框中为节点指定库名称或路径、函数名、调用规范、参数和返回值。单击确定按钮，节点可自动调整大小，以包括数量正确的接线端并设置接线端为正确的数据类型。关于如何使用调用库函数节点函数的范例，可选择单击说明中"打开范例"详细了解相关案例的具体介绍。据此，通过 LabVIEW 调用库函数节点函数和 MEMS 传感器动态链接库文件，并利用字符串/数值转换函数，将从传感器读取的数据转换成十进制，并将其实时显示在显示控件和显示窗口，所建立的 LabVIEW 温度-湿度-气压实时监测系统软件程序框图后面板和前面板分别如图 4.3 和图 4.4 所示。本传感器系统设计采用 HID（Human Interface Device，HID，即人机接口设备）模式，免驱动，直接通过 LabVIEW 动态库方式调用，即可实现实时记录数据和查看温度、湿度及气压历史变化曲线。学习者可通过增加数据存储功能，将采集的数据实时保存到计算机中，以便后续分析处理，具体内容可直接查看前面案例中相关程序的设计，在此不再赘述。

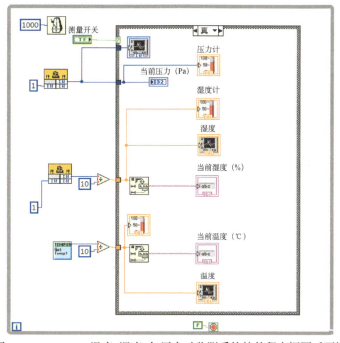

图 4.3　LabVIEW 温度-湿度-气压实时监测系统软件程序框图后面板

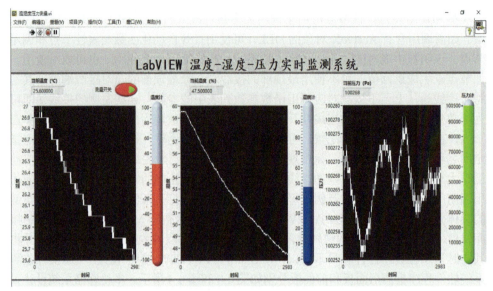

图 4.4　LabVIEW 温度-湿度-气压实时监测系统软件程序前面板

4.2　LabVIEW 声卡与光声光谱数据采集

4.2.1　声卡概述

声卡（Sound Card）亦称为音频卡，作为计算机多媒体系统中最基本的组成部分，是实现声波/数字信号相互转换的一种硬件。声卡的基本功能是把来自话筒、磁带、光盘的原始声音信号加以转换，输出到耳机、扬声器、扩音机、录音机等声响设备，或通过音乐设备数字接口（MIDI）发出合成乐器的声音。无论是独立声卡，还是集成声卡，其基本架构和基本工作原理都是相似的，简单地说包括输入和输出两大部分。声卡工作的基本原理和过程主要包括：输入信号采集、数字信号转化和处理、数字信号输出和放大等过程，典型的声音采集过程示意图如图 4.5所示。

声卡的技术指标包括采样频率、采样位数（量化精度）、声道数、复音数量、信噪比（SNR）和总谐波失真（THD）等，其中采样频率、采样位数是主要指标。从数据采集的角度，声卡是一种适应于音频范围的数据采集卡。如果测量信号的频率在音频范围，相比于常规的 DAQ 设备，声卡价格更低廉，在数据采集技术指标要求不太高的条件下，可以使用声卡代替 DAQ 设备实现数据采集。LabVIEW 软件中提供了专门用于声卡操作的函数，便于利用声卡搭建便捷的数据采集系统。

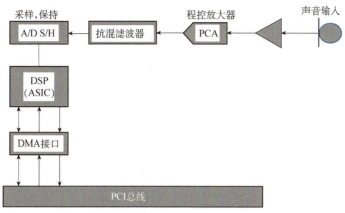

图 4.5 声音采集过程示意图

4.2.2 LabVIEW 声音选板

在 LabVIEW "函数" - "编程" - "图形与声音" - "声音" 子选板中，提供了声卡相关的函数控件，如图 4.6 所示，这些函数采用 Windows 底层函数编写，直接与声卡驱动关联，可实现对计算机声卡的快速访问和操作。声音子选板包含输出、输入和文件三个子函数选板，分别提供声音输出、声音输入和声音文件相关的操作。

图 4.6 LabVIEW "函数" - "编程" - "图形与声音" - "声音" 子选板

　　声音输入函数选板内包括声音采集、配置声音输入、启动声音输入、读取声音输入、停止声音输入和声音输入清零函数，如图 4.7 所示。

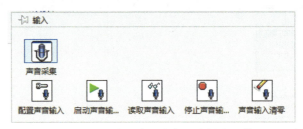

图 4.7　LabVIEW "函数" 中 "声音" 选板中 "输入" 子选板

　　声音输出函数选板内包括播放波形、配置声音输出、启动声音输出播放、写入声音输出、停止声音输出播放、声音输出清零、声音输出等待、声音输出信息、设置声音输出音量、播放声音文件函数，如图 4.8 所示。

图 4.8　LabVIEW "函数" 中 "声音" 选板中 "输出" 子选板

　　文件函数选板包括简易读取声音文件、简易写入声音文件、打开声音文件、声音文件信息、读取声音文件、写入声音文件、关闭声音文件函数，如图 4.9 所示。

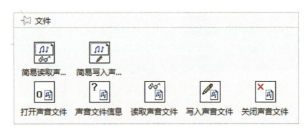

图 4.9　LabVIEW "函数" 中 "声音" 选板中 "文件" 子选板

4.2.3　LabVIEW 声卡语音采集程序设计

　　在熟悉以上 LabVIEW 声音选板中相关函数功能的基础上，以下将通过编写 LabVIEW 程序调用计算机声卡采集由麦克风输入的语音信号，并保存成语音文件，练习声卡采集语音信号和存储的过程。硬件要求所用计算机设备配置中具有独立声卡或集成声卡，并且音频输入设备麦克风能正常将传声器输出信号输入到声卡。声卡语音采集程序设计包含声卡参数的配置、读取语音信号、写入到指定语音文件等基本操作，文件写入完毕后还需要关闭输入操作和关闭语音文件。依据设计思路和操作流程，程序具体设计如下：

（1）创建一个新的 LabVIEW VI 程序。

（2）在 LabVIEW 程序后面板空白区创建一个"打开声音文件"函数，通过函数下拉菜单选项，将原始"读取"操作改成"写入"，如图 4.10 所示。

图 4.10 "打开声音文件"函数"读取"与"写入"切换

（3）在后面板程序框图设计区依次创建一个"配置声音输入"函数、"读取声音输入"函数、"写入声音文件"函数、"声音输入清零"函数、"关闭声音文件"函数。

（4）创建一个"While 循环"，并将"读取声音输入"和"写入声音文件"函数放入"While 循环"程序内部，其他函数放在"While 循环"程序外部。

（5）按照图 4.11 所示的程序框图连接各个函数，并在"While 循环"内部创建一个"波形图"显示控件用于显示读取的声音信号。

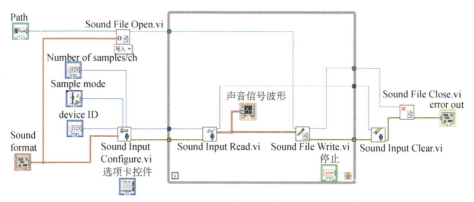

图 4.11 LabVIEW 声卡采集语音信号程序后面板框图

（6）通过 LabVIEW 后面板"窗口"菜单选择"显示前面板"切换到 LabVIEW前面板（或采用快捷键 Ctrl+E 切换前后面板），调整前面板中各个控件的位置和大小，设置文件保存路径，并对其他输入控件进行参数设置。例如：在进行语音信号采集之前，首先需要对声卡参数，如设备 ID、采样模式、每通道采样数、声音格式、采样率、通道数等参数进行设置，这些参数都集成在"配置声音输入（Sound Input

Configure.vi)"函数控件中，在该函数控件左边相应输入端口直接点击右键，选择创建"输入控件"即可生成输入端的输入控件，并同步在前面板生成相应的显示控件。同理，可在函数控件的右边相应输出端口直接创建"输出控件"。

（7）单击 LabVIEW 程序运行按钮，对着计算机麦克风输入语音，即可将语音信号采集和写入到指定的文件"test.wav"，注意：文件保存路径地址需要依据用户计算机自行设置正确地址，此外，本案例中为了界面设计美观化，首先创建"选项卡"控件（"控件"菜单"容器"子选板中"选项卡"）作为前面板背景（对应后面板程序框图中"选项卡控件"），然后将所有控件建立在此"选项卡"面板中，如图 4.12 所示为 LabVIEW 声卡采集语音信号程序前面板正常运行时界面图。

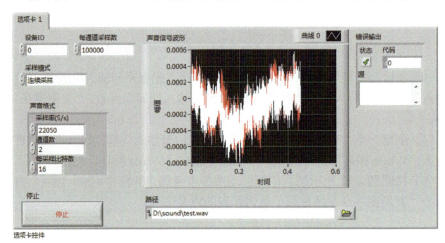

图 4.12　LabVIEW 声卡采集语音信号程序前面板

（8）单击"停止"按钮，结束程序，依据文件路径设置的目录，即可找到 LabVIEW 应用程序自动创建的声音文件"test.wav"。

（9）可以利用音频播放软件打开声音文件"test.wav"，检验文件是否正常。

（10）至此，利用 LabVIEW 软件和计算机声卡硬件作为 DAQ 卡采集语音信号的程序设计已完成。最后，学习者可依据个人思路和需求对程序进行适当的改编，以实现自己的要求。例如：语音信号采集及处理包括时域信号分析和频域信号分析，声音信号的时域参数包括短时能量、短时过零率、短时自相关函数和短时平均幅度差函数等。语音信号的频域分析包括声音信号的频谱、功率谱、倒频谱、频谱网络分析等频谱特性的分析。注意：程序编写过程切记及时保存更新后的程序，以免遇到故障丢失程序文件。

4.2.4　基于 LabVIEW 和声卡的光声光谱信号采集

光声光谱是一种基于光声效率的光谱分析技术，信号检测过程通常利用高灵敏度的麦克风作为声信号探测器。信号产生过程：分子吸收周期性调制的连续入射光或脉冲光后，部分能量以无辐射弛豫过程释放，在局域范围产生周期的热膨胀，形成压力波或声波，声敏感元器件检测声波，并将其转化成电信号，即光声光谱信号。如图 4.13 所示为光声效应和光声信号产生流程示意图。本质上，光声信号亦是一种语音信号，通常麦克风检测的光声信号由 DAQ 采集卡采集到计算机，再由上位机软件进一步分析处理。

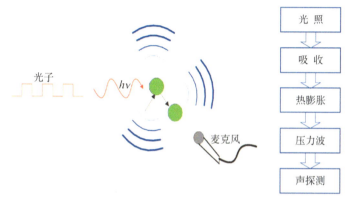

图 4.13　光声效应和光声信号产生流程示意图

在学习完以上 LabVIEW 和声卡的语音信号采集后，本节将结合光声光谱信号采集过程，利用声卡代替 DAQ 采集卡，介绍基于 LabVIEW 和声卡的光声光谱信号采集与分析案例设计。以空气中水汽为检测对象，建立如图 4.14 所示的波长调制型光声光谱实验系统，硬件主要包括：近红外光纤输出型半导体激光器及其控制单元、圆柱形光声池、带有声卡的计算机、数据线若干等实验器件。激光器中心波长为 1391.67 nm，对应 H_2O 分子在 7185.597 cm^{-1} 处的吸收谱线。信号发

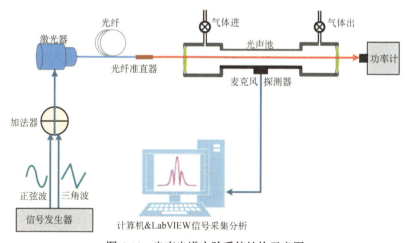

图 4.14　光声光谱实验系统结构示意图

生器输出的三角波和正弦波分别作为激光器波长调谐和调制信号，通过加法器叠加后输入到激光器控制单元驱动半导体激光器发射激光。激光器光束通过光纤准直器聚焦准直后沿着光声池轴线入射。光声池由铝加工制成，中间两个声共振腔长度为 160 mm、半径为 7 mm，声共振腔中间位置安装了一个高灵敏度麦克风声信号探测器（MPA221，灵敏度 49.5 mV/Pa）用于光声信号检测。声共振腔两端分别设置长度为声共振腔长度一半的缓冲腔体（半径为 35 mm），缓冲腔体端面分别留有 CaF_2 窗口用于激光光束出入，并在其中间位置设计了气体进样出入口。入射激光光束最终从光声池后窗口透射出去，并由光功率接收监测其功率。入射光激发的光声信号由麦克风探测器检查后，直接通过计算机声卡采集，并由上位机 LabVIEW 信号分析软件进行处理。

　　实验中首先需要获取光声池的谐振模式和共振频率特性，依据理论分析，两个声共振腔具有相同的谐振特性。实验中以室内空气中水汽为检测对象，在室内温度为 12℃、相对湿度为 45%，以及一个大气压的条件下，通过计算得出空气中的水汽含量约为 0.69%。通过改变激光器的调制频率，同步记录激发的水汽光声信号幅值，获取光声池的共振频率响应曲线如图 4.15 所示。为了计算声共振腔的中心谐振频率和品质因子 Q 值，数据处理中利用洛伦兹函数分布对实验记录的声共振轮廓曲线进行拟合，从而得到光声池共振频率为 $f=1003.5$ Hz，Q 值为 24，如图 4.15 所示。

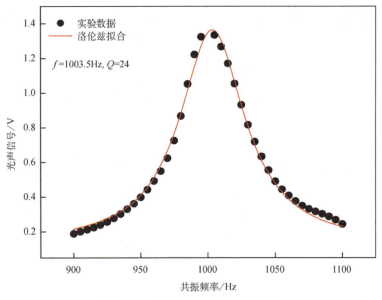

图 4.15　光声池共振频率响应曲线

　　本实验中激光器波长调谐和调制程序设计类似前面波长调制光谱实验，在此不再赘述。值得提出的是波长调制光声光谱二次谐波探测方法中，正弦波调制频率应为光声池共振频率的 1/2，且存在同样的最佳调制振幅依赖特性。激光器波长调谐信号三角波采用缓慢的渐变波长扫描方式，并结合逐点记录信号的方式，完成光声光谱信号的记录。在此将重点介绍基于声卡的光声光谱信号采集和分析过程。类似于 LabVIEW 声卡采集语音信号程序设计，光声光谱信号采集和分析程序主体框架相同，考虑到光声信号强度要远远弱于语音信号强度，程序设计中增加信号滤波器和 FFT 频谱分析功能，分别用于声卡采集到的时域信号滤波降噪和频域信号分析。最后，将每个驱动电压下光声信号的 FFT 频谱信号峰值提取出来构成完整的光声光谱二次谐波信号。基于以上设计思路，最终建立的 LabVIEW 光声光谱声卡采集程序后面板框图如图 4.16 所示，主要包括声卡参数的配置、读取语音信号、时域信号和频域信号分析、写入到指定文件等基本操作。

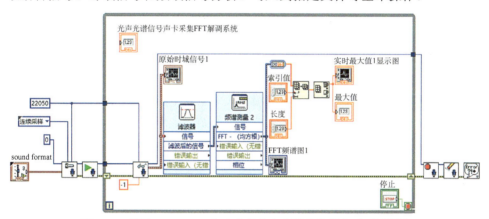

图 4.16　基于 LabVIEW 和声卡的光声光谱采集程序后面板框图

图 4.17 给出了基于 LabVIEW 和声卡的光声光谱采集程序前面板，前面板主

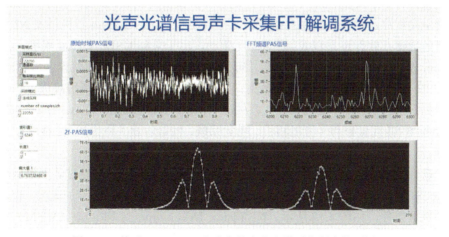

图 4.17　基于 LabVIEW 和声卡的光声光谱采集程序前面板

要包括以下部分：原始时域光声光谱（PAS）信号显示窗口、FFT 频谱信号、频谱索引和峰值提前模块、二次谐波光声光谱信号（2f-PAS）实时显示窗口。LabVIEW 函数中滤波器的类型包括：低通滤波器、高通滤波器、带通滤波器、带阻和平滑滤波器，默认值为低通滤波器。为抑制噪声的影响，可对采集到的原始时域信号先进行滤波再进行 FFT 分析处理。

4.3　LabVIEW 机器视觉和摄像头调用

机器视觉作为人工智能正在快速发展的一个重要分支，利用机器代替人眼来做测量和判断的系统，主要通过图像摄取装置将被摄取目标转换成图像信号，传送给专用的图像处理系统，根据像素分布和亮度、颜色等信息，转变成数字化信号，再对这些信号进行各种运算来抽取目标的特征，进而根据判别的结果来控制现场的设备动作。机器视觉广泛应用于生产制造检测等工业生产制造领域，用来保证产品质量、控制生产流程、感知环境等。它提高了生产的柔性和自动化程度，特别适用于不适合人工作业的危险环境和大量工业生产过程。现代工业处理控制中，非侵入式激光光谱诊断技术和机器视觉相结合，形成光谱和成像相融合，将为缺陷无损检测、燃烧场层析重构等应用提供一种可靠的精准分析手段。针对机器视觉的广泛应用，本书将结合图形化编程语言和开发环境 LabVIEW 函数库中包含的机器视觉模块，开展 LabVIEW 调用计算机摄像头实现图像检测的程序设计，为未来开展相关应用和程序开发奠定基础。

LabVIEW 视觉模块需要独立安装视觉采集（Vision Acquisition Software，VAS）软件和视觉开发（Vision Developments Module，VDM）包。NI 视觉采集驱动软件可用于采集、显示、记录并监测各种摄像头的图像。该软件包含 NI-IMAQ 免费驱动程序，用于采集源自模拟、并行数字和 Camera Link 相机以及 NI 智能相机的数据；软件还具有 NI-IMAQdx 驱动，用于采集 USB3 Vision 相机、GigE Vision 设备、兼容 IIDC 的 IEEE 1394 相机、IP（以太网）和兼容 DirectShow 的 USB 设备（如相机、网络摄像头、显微镜、扫描仪和各种消费级成像产品）等数据；兼容 NI LabVIEW、C、C++、C#、Visual Basic、Visual Basic.NET；包含各类 NI 视觉硬件（智能相机、视觉系统、帧接收器）和各类 NI 视觉软件许可证。

软件安装成功后，新建 VI，打开 LabVIEW 程序框图，可通过后面板函数选板中"视觉与运动"子函数选板，或前面板控件选板中"Vision"子选板，查看相应的函数控件，如图 4.18 所示。NI Vision Developments Module（VDM）视觉开发包，集成了 NI 视觉所有的图像处理函数库，为保证使用 LabVIEW 作为开发环境的程序员可以正常使用，需要安装和 LabVIEW 相同版的 VDM，如图 4.19 所示，VDM 安装成功后，LabVIEW 视觉模块 VDM 函数库中"视觉与运动"函数和"Vision"子选板。

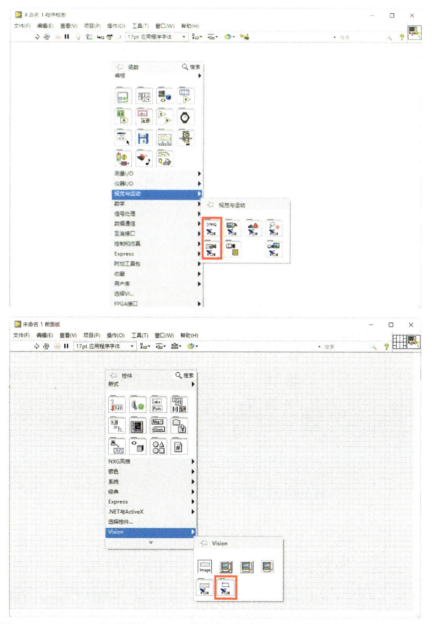

图 4.18　LabVIEW 视觉模块 VAS 函数库中"视觉与运动"函数和"Vision"子选板

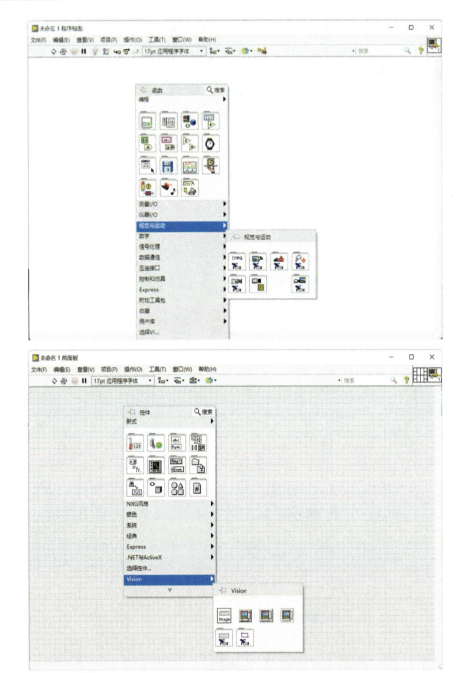

图 4.19   LabVIEW 视觉模块 VDM 函数库中 "视觉与运动" 函数和 "Vision" 子选板

LabVIEW 视觉模块可通过两种方式调用摄像头获取视频图像，第一种方法：可以通过在工具栏中找到 Vision Assistant 选项，打开 NI Vision Assistant 界面，再通过 NI Vision Assistant 中"Acquire Images"功能获取视频图像。在设备中搜索到摄像头后，单击"连续视频模式"，得到的获取图像如图 4.20 所示。

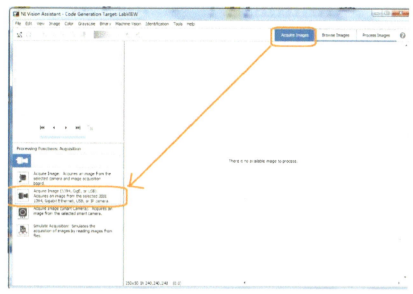

图 4.20 通过 NI Vision Assistant 中"Acquire Images"功能获取视频图像

第二种方法：在 LabVIEW 前面板"工具"菜单栏中选择"Vision Assistant"，打开后通过单击"Acquire Images"直接进入视频图像的获取，后续过程与上述方法一相同，如图 4.21 所示。

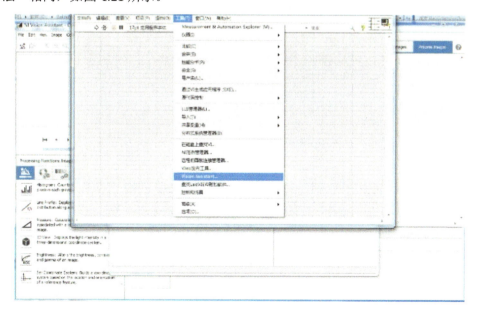

图 4.21　LabVIEW "工具"菜单栏中选择 "Vision Assistant" 进入获取视频图像

　　本章节以 LabVIEW 2018 版本为例，视觉采集软件（Vision Acquisition Software，VAS）包含了 IMAQdx、IMAQ 等驱动程序，可以驱动大部分国内外品牌工业相机，也可以驱动 NI 自己的图像采集卡、帧接收器等。VAS 仅仅是一款驱动程序，并不包含图像处理功能，其充当的角色是工业相机与图像处理软件的桥梁，通过 VAS 软件从工业相机中采集图像，并将采集的图像交给图像处理软件进行处理，如图 4.22 所示为 LabVIEW "函数"选板中 "视觉与运动" 子函数的 "NI-IMAQdx" 驱动模块。

图 4.22　LabVIEW "函数"选板中 "视觉与运动" 子函数的 "NI-IMAQdx" 驱动模块

为演示 LabVIEW 视觉模块的基本功能，以下结合相关视觉程序设计，例如读取计算机摄像头、图片的读取与保存等程序，以及围绕程序中涉及的功能函数和相关控件进行介绍。

1）读取计算机摄像头

首先编写一个调用计算机摄像头的程序，通过调用摄像头可以实时显示摄像头拍摄到的图像，该功能主要通过 NI 开发的 IMAQ 和 IMAQdx 工具包所提供的图像采集软件实现。主要包括以下几个函数控件：

（1）IMAQdx Open Camera.vi 控件：打开一个摄像头，查询这个摄像头的权限，加载摄像头的配置文件，可通过在此控件的输入端口"Session In"创建一个输入控件作为摄像头引用选择项。

（2）IMAQdx Configure Grab.vi 控件：配置并开始图像的获取，图像获取在一个循环缓冲区持续的进行，使用 Grab 这个控件从缓冲区中复制图像，如果在 Open Camera 控件前调用这个控件，那么就会默认使用 cam0 这个引用，可以使用 Unconfigure 控件去清除配置。

（3）IMAQdx Grab2.vi 控件：获取最新的帧到图像输出，此控件只能在 Configure Grab 控件之后调用。如果这个图像不能和摄像机视频格式相匹配，这个控件会更改为合适的图像格式。

（4）IMAQ Create 控件：函数创建 Image 缓存区，并指定 ImageType，采集后的图像存储在该缓存区内，将其 Image Name 输入端口改成"摄像头"。

（5）Image 显示控件：用来播放图像。

最后，连接各个函数控件接线端，再利用 While 循环来实现连续采样，基于以上所述控件，调用计算机摄像头的程序设计如图 4.23 所示，切换到 LabVIEW 程序前面板，单击运行程序，当计算机设备拥有多个摄像头设备时，可通过 Session In 输入控件选择摄像头端口号。

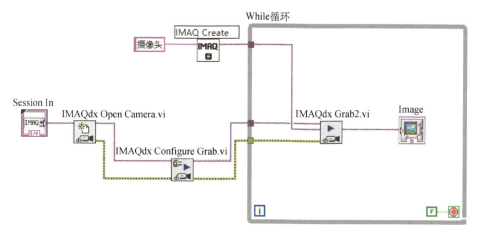

图 4.23　LabVIEW 读取计算机摄像头的程序框图

2）图片的读取与保存

学习和熟悉摄像头的调用流程之后，如果希望对上述案例中保存的图像进行调用和二次编辑等操作，可开展图片的读取与保存程序设计。此功能程序设计，除了用到创建图形函数控件 IMAQ Create 之外，还需读取图像文件函数控件 IMAQ Read File 和写入图像文件函数控件 IMAQ Write File 分别用于写入和读取图像操作。此外，文件读取路径功能的操作，之前已详细介绍过。最后，依据图 4.24 所示程序框图连接各个函数控件的接线端，完成 LabVIEW 读取和保存程序设计。

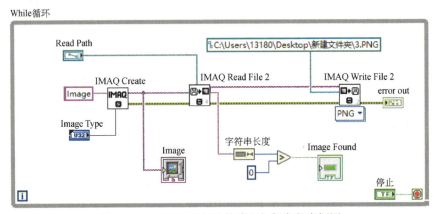

图 4.24 LabVIEW 图片的读取与保存程序框图

切换到 LabVIEW 程序前面板，单击程序运行按钮执行程序，如图 4.25 所示

图 4.25 图片的读取与保存效果图

为程序运行结果，在 Image 中显示出了路径为"C:\Users\13180\Desktop\新建文件夹\cat.jpg"的图片，并将其保存为"C:\Users\13180\Desktop\新建文件夹\3.PNG"。IMAQ WriteFile 图像写入函数可提供多种类型的图像格式，如：BMP、JPEG、JPEG2000、PNG、PNG with Vision Info 和 TIFF 格式。

LabVIEW 结合各种图像采集设备获取图像，并利用图像处理工具箱提供的丰富功能进行处理，包括图像采集、预处理、特征提取、缺陷检测、尺寸测量、结果判定、反馈控制等步骤，共同实现了质量控制和生产过程的优化，为现代工业制造领域带来了显著的改进和效益。通过将机器视觉识别方法和光谱诊断分析技术的深度融合，可为现代农业中水果品质和精工领域产品质量无损检测提供一种可靠的技术支撑。

4.4 LabVIEW 在激光吸收光谱中的应用

LabVIEW 在数据采集、仪器和实验系统控制、信号处理和自动化测试等方面具有天然的优势，如：直观易用的图形化编程、高效的并行执行、强大的硬件交互能力、灵活的生态系统支持、高效的数据处理能力以及可生成独立的可执行文件等，使得其在现代激光光谱技术研究和工程应用中得到广泛的应用。激光光源作为激光光谱系统中的核心器件之一，光谱学中激光器的波长调谐过程是获取光谱信号的前提。为此，本章将围绕激光光谱中激光器波长调谐和调制、信号解调等过程，结合图形化编程软件 LabVIEW，开展相关光谱实验的程序设计，介绍 LabVIEW 在激光光谱科学研究中的应用，从而为广大光谱学领域的初学者或研究生奠定一定的科研基础。

4.4.1 直接吸收光谱

随着激光技术的发展，激光器类型分门别类，种类繁多，各具特色。半导体激光器又称激光二极管，是以半导体材料作为工作物质的一类激光器，具有体积小、结构简单、输入能量低、寿命较长、易于调制以及价格较低廉等优点，使得其在光电子领域中的应用非常广泛，已成为当今光电子科学的核心技术。半导体激光器的窄线宽和易电流调谐特性，使得其在光谱学领域中崭露头角，早在 20 世纪 70 年代，Hinkley 等最先利用窄线宽二极管激光器，发展起可调谐半导体激光吸收光谱技术（Tunable Diode Laser Absorption Spectroscopy，TDLAS）。可调谐半导体激光器的波长随注入电流改变的特性可实现对分子的单个或多个临近吸收谱线的测量。传统半导体激光器的波长调谐或扫描过程主要通过外部函数发生器、单片机模块等硬件输出特定波形信号，以电压或电流源的方式注入到激光器控制单元，实现半导体激光器的波长调谐或扫描。近年来，为降低激光光谱系统成本和体积，基于软件仿真的信号发生器已在光谱技术的科学研究和光谱仪器的研发中被广泛采纳，尤其是 NI 采集卡和 LabVIEW 软件的完美结合，在半导体激光器的控制和波长调谐中具有独特的优越性。

可调谐半导体激光器主要包括：法布里-珀罗（Fabry-Perot）激光器、分布反馈式（Distributed Feedback，DFB）半导体激光器、分布布拉格反射（Distributed Bragg Reflector，DBR）激光器、垂直腔表面发射（Vertical-Cavity Surface-Emitting，VCSE）激光器和外腔式调谐半导体激光器。本章将以光谱学中广泛采用的 DFB 型半导体激光器为例，介绍基于 NI 数据采集卡和 LabVIEW 软件实现激光器波长调谐和调制的相关实验设计过程。

4.4.2　半导体激光器特性

DFB 半导体激光器的发射波长可通过工作温度或驱动电压/电流实现调谐，温度调谐过程的精度和光谱分辨率较低，且响应较长时间才能达到稳定效果；电压/电流调谐过程响应快，调谐精度和光谱分辨率较高，实际应用中较为普遍采用。要了解激光器发射波长与其工作温度和电流的依赖关系，首先需要对其进行波长定标。激光器的波长定标方法主要包括基于干涉原理的波长测量方法，这种方法通过比较未知波长的激光与已知波长的激光干涉图，来确定未知波长的激光的波长。这种方法依赖于干涉仪，如迈克耳孙干涉仪、斐索标准具和法布里-珀罗标准具等，通过精密比较实现测量激光波长。目前，国际上商业化波长计主要有德国 High Finesse GmbH 公司 WS 系列波长计（测量范围：192～11000 nm，绝对精度：低至 2 MHz），以及美国 Bristol Instruments 公司（源于早期 Burleigh 公司）AB 系列波长计，测量波长范围覆盖 350 nm～11 μm，绝对波长测量的精度高达 0.2 ppm。图 4.26 展示了典型 DFB 型半导体激光器的发射波长与其工作温度和注入电流之

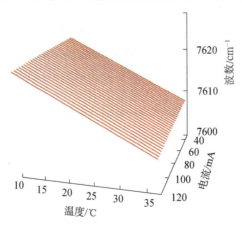

图 4.26　半导体激光器发射波长与其工作温度、注入电流的依赖特性

间的关系曲线，总体上呈现"近似线性"依赖特性。随着驱动电流范围的增加，非线性效应越明显。实际使用过程中发现，不同商家的激光器产品，这种非线性依赖特性程度亦有所区别。

此外，半导体激光器的输出功率与其工作温度和注入电流也呈现类似的依赖特性，如图 4.27 所示随着工作温度的增加，辐射激光阈值电流亦增加，但是辐射激光功率递减；固定工作温度下，辐射激光功率随着注入电流的增加而增加，且呈现出"近似线性"的依赖特性。

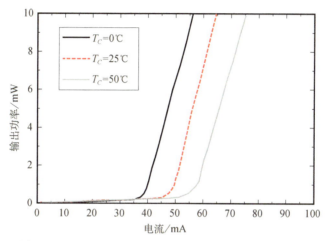

图 4.27　典型的半导体激光器输出功率与注入电流的依赖特性

鉴于半导体激光器辐射波长与其注入电流/电压之间所具有的"近似线性"依赖关系，光谱学中通常采用线性的电流/电压波形来驱动激光器在一定波长范围内辐射激光，以实现特定分子吸收谱线的测量，如三角波和锯齿波。三角波信号的每个周期包含上升沿和下降沿，具有很好的对称性，采集光谱信号时，可通过叠加上升沿和下降沿信号，再对其计算平均信号，或只取其中半个周期作为有用信号。锯齿波信号的每个周期中上升沿和下降沿具有不对称性，采集光谱信号时，无法对其计算平均信号，上升沿因占空比较大，有利于获取高分辨率光谱信号而被选用；而下降沿占空比较小，常被舍去。锯齿波信号中下降沿常被用于激光器延迟时间，在时分复用探测策略中，作为多个激光器先后辐射激光的延迟时间，从而充分利用了锯齿波信号的占空比，进而提高基于多个激光器的多组分气体测量系统的整体响应时间。

尽管半导体激光器对注入电流/电压具有快速的响应特性，但是激光器驱动波形的频率则取决于不同光谱的技术原理。例如：激光吸收光谱过程中，利用光与气体介质之间的吸收过程所引起的光强在特定波长范围内的变化，激光器波长调谐速率可达 kHz 量级；而光声光谱中，光谱信号的产生依赖于光声效应中的无辐射弛豫过程，相对比较缓慢，快速地调谐激光器将会导致严重的信号衰减，激光器波长调谐速率通常只能在 1 Hz 以内。此外，不同商家和型号半导体激光器的工作电流范围亦不同，为此本章将围绕常用的三角波和锯齿波，结合 LabVIEW 软件介绍频率和幅值可调的半导体激光器驱动波形仿真设计。此程序设计中主要需要考虑的是波形参数大小可自定义、波形的连续和固定周期输出。首先在 LabVIEW 后面板选择"信号仿真"函数模块，如图 4.28 所示创建的仿真信号 1 控件，将其设置成三角波仿真信号，并将三角波的幅值、偏移量、频率以及相位四个量在前面板中显示为输入控件，随后将输出的三角波信号的动态数据转换成数组数据，并通过波形图将三角波的信号在前面板中显示。为实现固定周期内采集三角波信号，需要借助同频率的方波信号作为采集卡采集数据时触发信号，如图选择添加一个仿真信号 2 控件，并将其设置成方波仿真信号，将其幅值设置成 2 V，偏移量和相位设置成 0 V，频率与三角波频率相同。最后利用合并信号控件将两路信号合并输入到 DAQ 助手中，再结合 NI 数据采集卡将模拟仿真的三角波信号加载到半导体激光器驱动控制板中，即可实现控制激光器辐射波长的调谐。为确保激光器工作在安全参数之内，可添加显示窗口实时监测驱动波形的幅值。激光器工作时，需要连续调谐输出发射激光，为此需要创建一个 While 循环，并将以上所编写的所有程序内容放入 While 循环内部，即可实现驱动波形的连续输出。

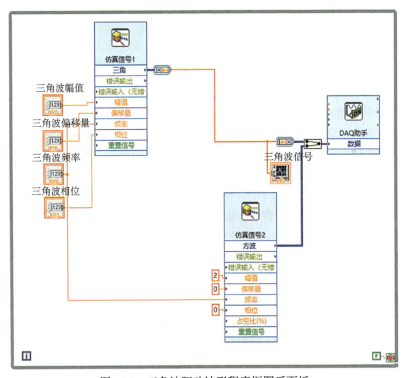

图 4.28　三角波驱动波形程序框图后面板

以实验室某型号半导体激光器和直接吸收光谱为例，三角波的频率设置为 100 Hz，三角波的相位设置为 90°，三角波的幅值设置为 0.2 V，三角波的偏移量设置为 0.5 V，运行 LabVIEW 程序时，依据以上设置的参数最终输出的波形将被显示在前面板如图 4.29 所示的显示窗口中。值得注意的是激光器驱动电流或电压通常为正值，三角波偏移量和幅值叠加后的电压幅值应该在激光器发光阈值范围之内，具体幅值范围需结合激光器技术参数要求选择。

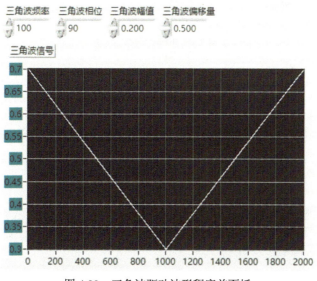

图 4.29　三角波驱动波形程序前面板

完成以上激光器波长调谐程序设计之后，可以搭建一套简单的直接吸收光谱实验系统，开展直接吸收光谱测量分析。直接吸收光谱实验系统原理示意图如图 4.30 所示，主要器件包括中心波长在 1580 nm 附近的半导体激光器及其控制器、样品池、探测器、数据采集卡和计算机。

本实验以大气中典型的二氧化碳（CO_2）和一氧化碳气体（CO）分子为研究对象，这两个分子在整个红外光谱范围具有丰富的光谱分布特性，基于 HITRAN 光谱数据库理论模拟可见 1580 nm（即 6329 cm^{-1}）波段附近存在诸多二氧化碳和一氧化碳气体分子的吸收谱线，如图 4.31 所示，由此图可见光谱窗 6325.5～6327.5 cm^{-1} 之间包含 2 条谱线，分别对应 CO@6325.79 cm^{-1} 和 CO_2@6327.06 cm^{-1}，此两条谱线对包含在 2 cm^{-1} 范围之内，对于可调谐半导体激光器，在固定的工作温度下，可通过注入电流调谐的方式，实现 2～3 cm^{-1} 范围的波长调谐，因而可通过单个激光器实现 CO 和 CO_2 两个分子光谱的同时测量。

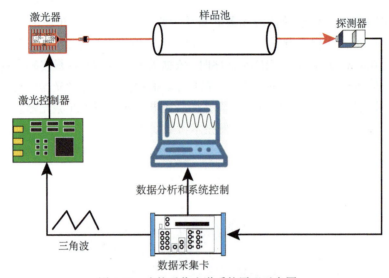

图 4.30　直接吸收光谱系统原理示意图

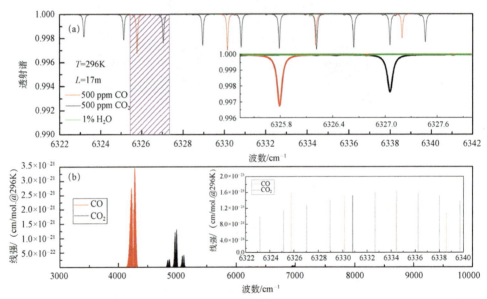

图 4.31　基于 HITRAN 数据库模拟的 CO 和 CO_2 分子的光谱分布特性

　　在气体吸收池内冲入一定量的 CO 和 CO_2 气体样品，利用以上所设计的 LabVIEW 波长调谐程序扫描激光器的输出波长覆盖 $6325.5 \sim 6327.5$ cm^{-1} 光谱窗，最终探测器检测到的直接吸收光谱信号如图 4.32 所示。可见，整个吸收光谱信号包含原始激光器光强呈现的所有斜坡背景，同时叠加了分子吸收信号。实验数据的后续处理，可结合直接吸收光谱所满足的朗伯-比尔定律，先后进行背景归一化处理、横坐标时域到频域转化、吸收线型的拟合等数据处理过程，即可计算出待分析气体中 CO 和 CO_2 分子的绝对分子数 N 或相对浓度 C，具体分析过程在此不再赘述。

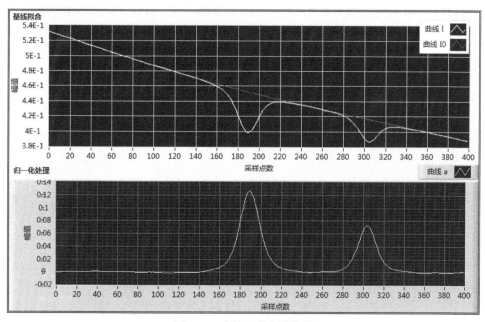

图 4.32   直接吸收光谱信号

4.4.3   快速扫描波长调制光谱

针对直接吸收光谱中各种光学、电子学噪声的影响，而发展起来的波长调制光谱具有很好的抑制噪声效果，且检测灵敏度和测量精度相对较高。在以上直接吸收光谱 LabVIEW 程序设计的基础上，可通过叠加高频（典型的千赫兹量级）正弦波实现对激光器的波长调制，而低频三角波仍然作为激光器的波长调谐，在 TDLAS 光谱中，低频三角波的频率可高达百赫兹，甚至千赫兹量级，以满足特定应用环境中的快速测量需求。波长调制光谱激光器控制程序设计过程类似上述直接吸收光谱，首先在 LabVIEW 后面板创建一个 While 循环用于连续执行程序内容。在 While 循环内部选择"信号仿真"函数模块，如图 4.33 所示创建的仿真信号 1 控件，将其设置成三角波仿真信号，并将三角波的幅值、偏移量、频率以及相位四个量在前面板中显示为输入控件，随后将输出的三角波信号的动态数据转换成数组数据，并通过波形图将三角波的信号在前面板中显示。同理，通过"信号仿真"函数模块创建仿真信号 2 控件，将其设置成正弦波仿真信号，同时将正弦波的幅值、偏移量、频率以及相位四个量在前面板中显示为输入控件。将生成的三角波信号和正弦波信号通过"条件结构"进行叠加，便于实际应用中灵活切换叠加调制信号和不叠加调制信号，并通过波形图显示控件将叠加的信号显示在前面板显示窗口。此外，同样需要添加一个仿真信号 3 控件，将其设置成方波信号用于数据采集过程同步触发，将其幅值设置成 2 V，偏移量和相位设置成 0 V，频率设置与三角波频率设置相同。最后利用合并信号控件将两路信号合并后输入到 DAQ 助手中，再结合 NI 采集卡将正弦波和三角波叠加信号加载到半导体激光器控制单元，控制激光器出光。

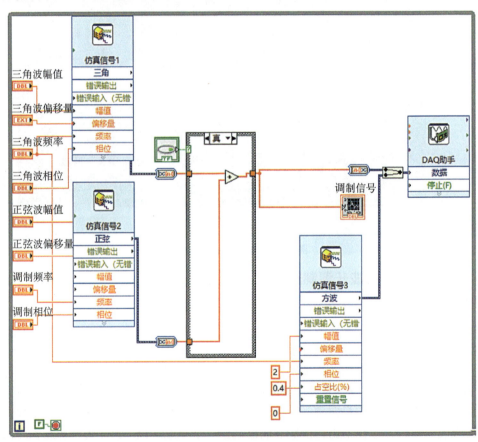

图 4.33 波长调制光谱激光器控制程序框图后面板

如图 4.34 所示为波长调制光谱激光器控制程序前面板，显示窗口内展示的波形为包含上升沿和下降沿的一个完整周期。值得提出的是三角波信号的偏移量选择依据为满足待测气体分子吸收谱线相应的激光器波长处，偏移量加减幅值后数值范围应该在激光器工作参数之内，低于发光阈值无法激发激光，高于阈值将会烧毁激光器。本实验设计中三角波的频率设置为 100 Hz，三角波相位设置为

90°，三角波的幅值设置为 0.2 V，三角波的偏移量设置为 0.5 V；正弦波调制频率设置为 30 kHz，正弦波幅值设置为 0.04 V，正弦波调制相位和偏移量皆设为 0。为便于加载调制或取消调制操作，在程序前面板添加了波长调制开关，可自行练习观测显示窗口中波形的变化。

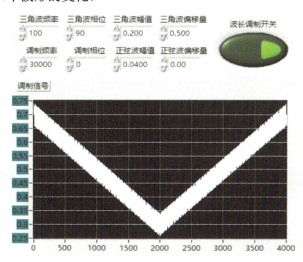

图 4.34　波长调制光谱激光器控制程序前面板

　　理论上，波长调制光谱是在可调谐直接吸收光谱的基础上发展起来的，实验上可通过直接在可调谐激光器驱动信号（典型的为低频三角波）中加载一个高频正弦波信号作为调制信号，如图 4.35 所示为典型的波长调制光谱实验装置结构示意图。当调制激光光束经过样品池后，探测器接收到的原始调制光谱信号如图 4.36 所示，类似于上述原始直接吸收光谱信号，整体波形仍保留了激光器驱动波形的斜坡背景，在分子吸收波长对应的区域中呈现出分子吸收过程引起的原始光强的变化，即所见的"凹陷"区域为光谱吸收信号区域。

　　调制信号的解调过程需要借助锁相放大器，其工作原理主要基于相位敏感检测技术。在学习完 LabVIEW 数字锁相放大器程序设计的基础上，以下将围绕激光光谱实验中的数字锁相放大器的应用，展开波长光谱实验实现过程和信号处理算法介绍。LabVIEW 锁相放大器的程序设计过程在此不再赘述，将测量的原始调制光谱信号输入到 LabVIEW 锁相放大器中进行信号解调处理，锁相放大器解调过程中解调频率 $f_{\text{de-mod}}$ 与谐波信号阶数 n 和调制频率 f_{mod} 之间满足 $f_{\text{de-mod}} = n * f_{\text{mod}}$ 关系。以常用的二次谐波信号为例，将二倍于调制频率的正弦信号与原始调制光谱信号进行乘法运算，然后再通过低通滤波器进行滤波处理即可获得二次谐波信号。在信号的解调过程中不难发现，二次谐波信号波形和幅值与解调相位之间具有显著的依赖性，因此实验中需要不断地调整解调相位以获得最佳的解调幅值。

如前面 LabVIEW 数字锁相章节所述，当前普遍使用的美国斯坦福 SR 系列锁相放大器可分别实现调制光谱信号的 X 幅值、Y 幅值、R 值和相位 θ 值的解调，实际上该功能是依据正交锁相放大器（Quadrature Lock-In Amplifier）的原理，但是引入了正交混频技术，通过同时提取信号的实部和虚部，从而获取信号的相位信息，并通过对正交分量进行平方和开平方运算，获得信号的幅度 R 值。

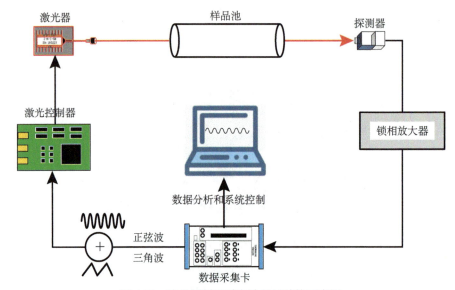

图 4.35   波长调制光谱实验装置结构示意图

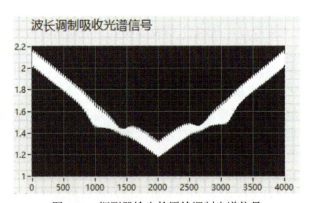

图 4.36   探测器输出的原始调制光谱信号

可见，正交锁相放大器可有效地解决谐波信号对解调相位的依赖性问题。如图 4.37 所示为 LabVIEW 的正交锁相放大器原理示意图。通过两个频率相同相位差为 90°的正弦信号分别与调制信号相乘，再通过两路低通滤波器分别获得调制信号的 X 分量和 Y 分量，再通过对两个正交分量进行平方和开平方运算，最终获得正交解调后的二次谐波信号。谐波信号锁相放大器解调过程，受实验系统噪声的影响，当使用较高的低截止频率时可能会无法将正弦信号完全有效滤除，若使用较低的低截止频率亦可能会导致解调出的谐波信号失真。故此，可采用级联的低通滤波器进行滤波处理，避免二次谐波信号出现失真，本实验中采用两个低通滤波器级联结构设计。综上所述，波长调制光谱信号解调程序的整体设计过程可分为：调制信号采集、锁相解调和信号存储三个主体模块，图 4.38 展示了基于 LabVIEW 软件开发的正交数字锁相解调系统程序后面板框图。

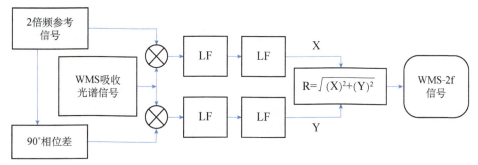

图 4.37 基于 LabVIEW 的正交锁相放大器原理示意图

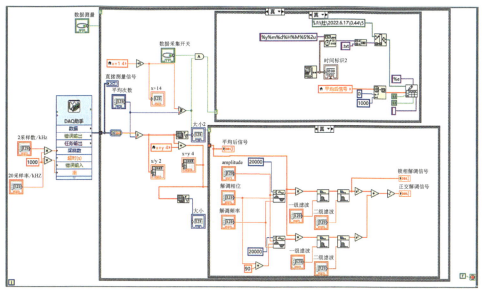

图 4.38 基于 LabVIEW 软件开发的正交数字锁相解调系统程序后面板

为了比较传统锁相解调方法和正交锁相解调方法的异同点，程序设计中采用两级低通滤波器结构设计，并同步解调出一次谐波和二次谐波。图 4.39 所示为基于 LabVIEW 的正交锁相解调系统前面板显示窗口，分别展示了原始调制信号、传统锁相解调的一次谐波和二次谐波、正交锁相解调的一次谐波和二次谐波，以及一次谐波归一化的二次谐波信号波形。谐波信号的解调过程，本节重点讨论了解调相位对谐波信号的影响，由波长调制光谱谐波信号探测理论可知，正弦调制信号的幅值对谐波信号的幅值亦存在显著的影响，学习者可自行结合波长调制光谱理论和实验需求，开展最优化的数字锁相解调程序设计。

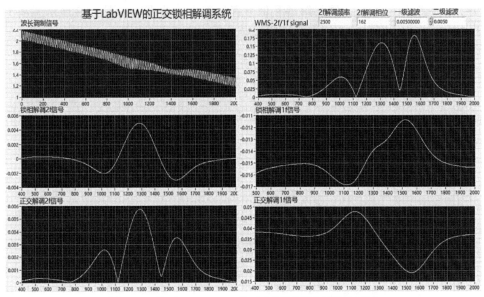

图 4.39　基于 LabVIEW 的正交锁相解调系统前面板

锁相放大器的强大抗干扰能力，使得其成为实验室和工业生产中微弱信号精确测量的重要设备。LabVIEW 以其强大的图形化编程能力和实时数据处理功能，成为开发虚拟仪器设备的重要工具。为比较硬件锁相放大器和软件锁相放大器的差异性，以当前实验室普遍采用的 SR830 型锁相放大器作为对比对象，对相同的调制信号源进行解调处理，在解调频率为 20 kHz、时间常数为 100 μs、滤波阶数为 24 dB 的实验条件下，SR830 解调出的二次谐波信号如图 4.40 所示，同时展示了实验室自主开发的 LabVIEW 数字锁相放大器在相同解调频率下解调的二次谐波信号。对比结果显示两种方式解调出的二次谐波光谱信号信噪比没有明显的差异性，而谐波信号峰值和线宽的差异性，可能受其他解调参数的选择影响。

虽然软件锁相放大器对硬件平台环境具有一定的依赖性，尤其是在处理大量数据时，其实时性可能受到一定限制。总体而言，软件锁相放大器相比硬件锁相放大器仍具有更多的优势，主要体现在集成度高、配置灵活、可在线升级、成本较低等方面。因此，在现代科技领域中，随着数字锁相放大器的性能不断提升和广泛应用，尤其是在虚拟实验室中，LabVIEW 数字锁相放大器已成为一种主流的信号处理工具。

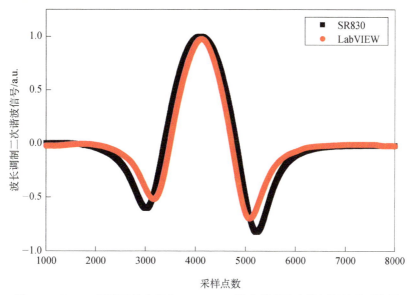

图 4.40　SR830 型锁相放大器和 LabVIEW 数字锁相放大器解调结果对比图

4.4.4　渐变波长调制光谱

　　根据半导体激光器注入电流与发射波长之间的对应关系可知，当注入电流为固定直流电平时，激光器将发射出与该直流电平对应的波长。渐变波长调制光谱即通过逐步改变激光器驱动电压或电流幅值的大小来实现激光器发射波长的扫描，并且在直流电平幅值上叠加一定幅值的高频正弦波信号作为调制信号。尽管半导体激光器的发射波长与驱动电流具有显著的依赖性，但相比于三角波电压调谐范围幅值变化量，小幅度的正弦调制信号对激光器的辐射波长影响相对较小，基本上可忽略不计。渐变波长调制光谱 LabVIEW 程序设计中主要包括三角波函数、正弦波函数、直流步进量生成模块、方波函数、延时函数和显示窗口等。

　　首先在"While 循环"内，添加一个"For 循环"，循环次数设置为 N。在"For 循环"内选择"输入 Express VI"选板中的"仿真信号"模块用于生成三角波、正弦波以及方波三个类型的信号，并添加"输入控件"用于控制信号的频率、幅值、偏移量以及相位。正弦波信号和三角波信号经过一个"条件结构"进行判断是否叠加输出，当输入条件为"真"时，正弦波与三角波叠加后进行输出；当输入条件为"假"时，仅输出三角波信号。此外，需要创建一个方波信号作为 DAQ 数据采集时的触发信号，与三角波和正弦波信号通道同步生成。注意在此程序中创建的三角波信号主要为了便于生成直流偏置电平，故将三角波信号幅值始终设置为 0。

　　为了实现渐变波长扫描，首先需要考虑直流步进的大小，此参数需要结合激光器的波长电压或电流范围，以及光谱分辨率的需求。此任务由直流步进模块执行，可通过程序中 For 循环来实现驱动电流的改变，将直流电平偏置量依据循环次数进行步进式递增或递减。如图 4.41 所示为渐变波长调制光谱激光器控制程序后面板框图，本程序中 For 循环次数设置为 $N=300$，前 150 次为直流电平递增阶段，对应一个完整的上升沿扫描波长范围，后 150 次循环用于为直流电平递减阶段，使得直流电平幅值恢复至初始电平值，从而完成一个完整周期内的激光器波长扫描。如图 4.41 所示直流步进量生成模块程序设计过程中，可将 For 循环变量 i 值输入到一个显示控件中实时监测循环次数 i 的当前数值，因循环变量 i 初始值默认为 0，首先利用 $i+1$ 将初始循环次数设为 1，计算 $150-(i+1)$，并取其结果的绝对值，再用 150 减去该绝对值，最后将计算出的结果乘以步进系数 0.002，步进系数可依据激光器波长调谐率和实际分辨率需求来定义。程序设计时考虑到运行过程中步进量加载与否，可通过将步进量乘以 0 或 1 的方式实现选择，可通过一个输入控件设置 0 或 1 值。当输入控件中输入 0 时，代表关闭步进量加载；当输入

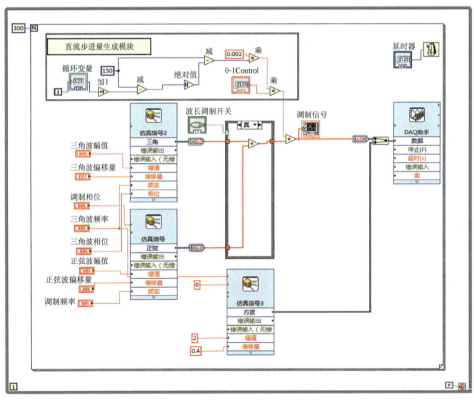

图 4.41　渐变波长调制光谱激光器控制程序后面板

控件中输入 1 时，代表步进量加载。渐变波长扫描的扫描速度通过添加"延时函数"来进行控制，通常设为 500 ms/次。最后将计算的步进量与三角波偏置量和正弦波调制量三者进行叠加，并添加显示控件用于实时显示仿真信号，通过"数组转换至动态数据"函数进行数据转换后，再与触发功能的方波信号通过"合并信号"函数进行信号合并，然后输入到 DAQ 助手，并通过 NI 采集卡将渐变波长调制信号加载到激光器驱动硬件电路中，进而控制激光器实现缓慢台阶式改变输出波长。

基于上述过程设计的 LabVIEW 渐变波长调制光谱激光器电流控制程序前面板如图 4.42 所示，通常三角波的偏移量选择对应待测气体的吸收峰的中心波长处，本案例中所选的半导体激光器的偏置电压信号幅值为 0.5 V，因此将三角波的幅值设置为 0.00 V，偏移量设置为 0.500 V 时，运行程序就可以得到 0.5 V 的直流电平。此时三角波信号函数仅用于产生直流偏置量，其频率和相位可以任意设置，如图中显示分别设置为 1 Hz 和 90°，该参数值对最终输出的直流电平没有影响。然而，用于波长调制的正弦波信号的频率、幅值、偏移量以及相位参数需要结合具体的实验目的进行最优化参数设置。例如：石英音叉增强型光谱中，需要将调制频率设置为石英音叉的共振频率 32772 Hz，调制振幅设置为0.0400 V，与待测气体分子的谱线线宽有关，最后程序运行产生的瞬时调制信号如面板中显示窗口所示。

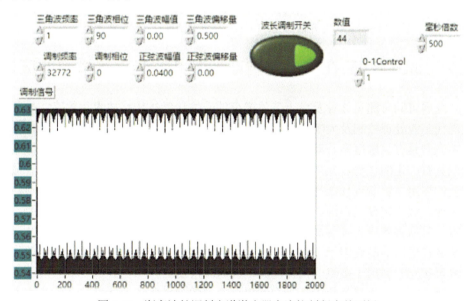

图 4.42　渐变波长调制光谱激光器电流控制程序前面板

图 4.43 为石英音叉增强型光谱中，利用渐变波长调制模式，激光光束通过气体吸收池后石英音叉探测器输出的原始时域光谱信号，及利用快速傅里叶变换

（FFT）对原始时域光谱信号处理后的频谱图。最后，在整个激光器波长调谐范围内连续扫描激光器输出波长，并同步连续提取 FFT 频谱峰值，记录的二次谐波光谱信号如前面板中底部显示窗口所示。由显示窗口中原始时域信号可见，探测器输出的调制信号与原始调制信号波形相同，其中包含着分子吸收信号和各种噪声信号，在时域中无法显示，但是通过对其进行 FFT 变换后，在频域中即可观察到位于调制频率处的频谱峰，吸收光谱区中频谱峰值高度与分子吸收量呈正比例关系，而非吸收光谱区域提取的频谱峰值为背景噪声，对应于记录的二次谐波信号基线部分数据。

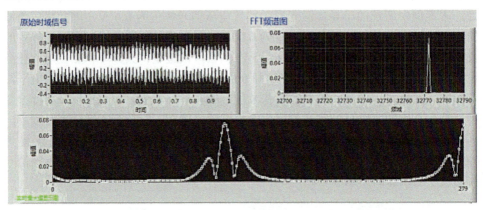

图 4.43　原始时域光谱信号、FFT 变换频谱图以及二次谐波光谱信号

4.5　LabVIEW 在多频调制球形腔共振光声光谱中的应用

发展可同时测量 3 种及以上气体成分的一体化气体传感技术和传感器的研制在现代工业处理控制及大气环境监测等领域具有重要的意义，亦具有一定的挑战。光声光谱具有灵敏度高、动态范围宽、系统整体体积小等显著特性，在气体监测领域具有一定的优势。光声光谱系统中的核心器件——光声池，其性能起着至关重要的作用。随着现代激光光声光谱技术的发展，衍生出波导型光声池、圆柱形光声池、亥姆霍兹光声池、椭球形光声池和球形光声池等系列共振型光声池，其共振信号增强效应为实现高检测灵敏度起到关键性支撑作用。相比而言，球形光声池具有更高的品质因子 Q 值，损耗低，声学检测性能优越，以及多个声学共振模式可被充分利用于多组分气体高灵敏度同时检测。

理论仿真可为最优化设计光声池提供重要的参考依据。球形腔几何结构决定了其只有径向模式，可通过径向半径来描述。在球坐标系中，球形腔的共振声学模式 $p_j(\mathbf{r})$ 和共振角频率 ω_j 可分别描述为

$$p_j(\boldsymbol{r}) = J_l(k_{l,n}r)P_l^m(\cos\theta)\mathrm{e}^{\mathrm{i}m\varphi} \tag{4.1}$$

$$\omega_j = \frac{k_{l,n}c}{R} \tag{4.2}$$

其中，$j=(n,l,m)$，n,l,m 分别是径向、θ 角向、φ 角向本征模式数；$J_l(r)$ 是第一阶球贝塞尔函数，$P_l^m(x)$ 是连带勒让德函数；$k_{l,n}$ 是满足边界条件 $\frac{\partial J_l(k_{l,n}r)}{\partial r}\big|_{r=R}=0$ 的第 n 个根。仅考虑球形腔内的面损耗条件下，球形腔的品质因子的值 Q_j 可以表达为

$$Q_j = k_j(E_j / L_{\mathrm{surf},j}) \tag{4.3}$$

其中，E_j 是第 j 个模式中的总声能；$L_{\mathrm{surf},j}$ 是声波在腔内壁上的损耗，在共振型声共振器内，其内壁上的黏滞损耗几乎可以忽略不计，因此在球形腔内选择径向共振模式具有其独特的优势。由（4.3）式可得球形池径向模 n_{00} 的 $Q_{n_{00}}$ 值：

$$Q_{n_{00}} = \frac{R}{(\gamma-1)d_h} \tag{4.4}$$

其中，R 是球半径，γ 为气体的比热比，d_h 的定义式为

$$d_h = \left(\frac{2KM}{\rho_0\omega_j C_p}\right)^{\frac{1}{2}} \tag{4.5}$$

通过上述公式可知，球形腔的径向共振频率与球腔的半径成反比，Q 值与球腔的半径成正相关，据此模拟出的球形腔一阶径向共振频率和 Q 值与半径 R 的关系如图 4.44 所示。理论模拟可见，球形腔的半径越大，则 Q 值越大。但考虑到实际应用中的系统体积时，以及光声信号对共振频率的反比例依赖性，半径为 40 mm 可作为一个相对较佳的选择。

为进一步研究球形腔的声模态和声本征频率分布特性，本实验中利用有限元分析（Finite Element Analysis，FEA）对半径为 40 mm 球形腔进行仿真，并对设计的单元格输入尺寸和生成的网格性质进行分析。仿真模拟中，声共振器腔体中的气体介质定义为空气，密度为 1.2 g/L，声速设定为 343 m/s。利用 COMSOL

Multiphysics 仿真平台采用自定义物理场控制网格，最大网格为 0.3 mm，最小网格为 6.8×10^{-3} mm，其自由度为 425012。理论上，随着声共振模式阶数的递增，声压强度将越来越弱。故此，本实验中仅考虑前三阶共振模式，以用于三种气体分子的同时光谱分析。考虑到球形腔内安装麦克风探测器前后可能存在的潜在影响，结合实验用麦克风的半径 7 mm，安装在腔内深度 35 mm，图 4.45 展示了麦克风探测器安装前后球形腔一阶、二阶和三阶径向共振模态仿真结果。仿真结果显示球形腔内安装麦克风探测器后，其内部结构的改变使声模态和声本征频率分布产生了稍许改变。

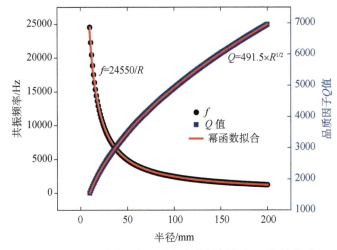

图 4.44　球形腔半径与一阶径向共振频率和 Q 值的关系

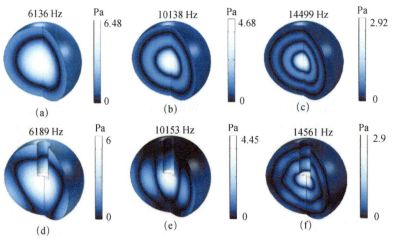

图 4.45　球形腔安装麦克风探测器前后一阶（a）和（d）、二阶（b）和（e）、三阶（c）、径向共振模式（f）的声场分布

针对大气中三种典型的大气成分：水蒸气（H_2O）、二氧化碳（CO_2）和甲烷（CH_4），在地球大气环境中的重要影响，在此将以此三种气体分子为研究对象，依据其在近红外波段的光谱分布特性数，选取中心波长分别位于 1391.67 nm、1574.03 nm 和 1653 nm 的光纤输出型近红外 DFB 半导体激光器分别作为 H_2O、CO_2 和 CH_4 光声信号的激发光源，相应吸收谱线分别为 6046.9 cm^{-1}@CO_2、6353.1 cm^{-1}@H_2O 和 7185.6 cm^{-1}@CH_4。结合上述设计的球形共振光声池等实验器件，搭建一套多频调制光声光谱多组分气体测量系统，如图 4.46 所示。球形腔由铝材料加工制成，腔体两端各有两个氟化钙（CaF_2）窗口，用于入射光束传输。球形腔半径为 40 mm，中心安装高灵敏度麦克风（Mode MPA221，灵敏度：49.5 mV/PA）检测光声信号。系统设计采用 3×1 光纤耦合器将三个激光光源输出的激光光束耦合成同束光，然后由光纤准直器准直，沿球形腔轴向中心传输。透过声共振器后，由氟化钙透镜聚焦，最后由 InGaAs 光电探测器（New Focus 2053）检测。实验中采用数据采集卡（National Instrument，NI USB-6212）和基于 LabVIEW 程序设计的数字锁相放大器或快速傅里叶变换算法对光声信号进行解调分析。

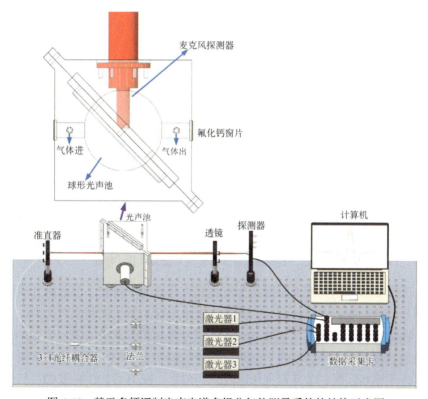

图 4.46　基于多频调制光声光谱多组分气体测量系统的结构示意图

　　实验中基于上述 COMSOL 仿真结果，首先需对光声池的共振频率进行实验探究。在 2～20 kHz 频率范围内，以 100 Hz 的步进频率对声共振器的谐振频率进行初步扫描。将光声信号的幅值绘制成调制频率的函数，如图 4.47（上面板）所示。可以看出，在 6200 Hz、10000 Hz 和 15000 Hz 附近存在三个强共振峰。在三个谐振峰附近以 10 Hz 的精细频率进行扫描，并记录光声信号幅值和相位随调制频率的变化，如图 4.47（下面板）所示。利用洛伦兹线型函数对谐振曲线进行拟合，计算出最佳中心共振频率分别为 6215 Hz、10228 Hz 和 14628 Hz，近似等于上述有限元模拟球形腔的一阶、二阶和三阶径向模态，同时可计算出三个谐振模式 Q 值分别为 157、241 和 148。

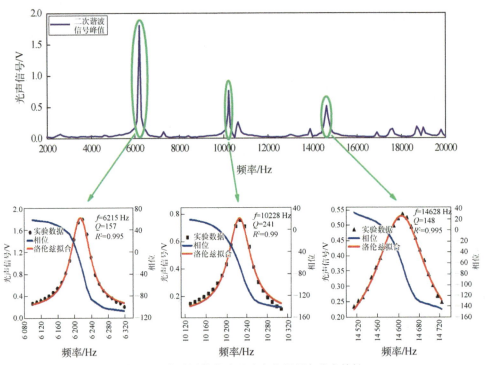

图 4.47　实验测量的球形腔声共振频率分布特性

　　为开展多频调制光声光谱多组分气体光声光谱测量研究，以下将开展激光器多频调制光谱控制程序设计。光声光谱在技术原理上属于调制光谱类型，可通过机械斩波器进行振幅调制，或通过正弦波信号进行波长调制。类似于 TDLAS 技术中的波长调制，主要区别在于光声光谱波长调制过程中，调制频率需要与光声池的谐振频率相匹配，才能最佳化激发光声信号。在 H_2O、CO_2 和 CH_4 气体分子光谱相应的激光器工作参数已知的情况下，选择二次谐波探测方法时，调制频率为光声池共振频率的 1/2。此外，考虑到所选择近红外波段三个气体分子谱线强度的强弱，以及光声信号对谐振频率的反比例依赖关系，三频调制的分配过程采用了折中互补原则，相关参数的选择和设置如表 4.1 所示。

表 4.1　多频调制光声光谱多组分气体分析相关参数总结

分子	共振模式	共振频率/Hz	二次谐波调制频率/Hz	Q 值	目标分子谱线/cm^{-1}	线强/（cm/mol）	光功率/mW
CO_2	1 阶径向	6215	3107.5	157	6353.10312	1.134×10^{-23}	4.0
H_2O	2 阶径向	10228	5114	241	7185.59728 7185.59655	5.931×10^{-22} 1.977×10^{-22}	7.0
CH_4	3 阶径向	14628	7314	148	6046.96359 6046.9516 6046.9425	1.455×10^{-21} 9.277×10^{-22} 7.877×10^{-22}	2.1

激光器多频调制光谱控制程序设计过程类似前面所述波长调制光谱，首先在 LabVIEW 后面板中创建 While 循环，在 While 循环中加入仿真信号 1、2、3、4、5、6、7，将仿真信号 1、3、5 设置成三角波仿真信号，并将其中的三角波幅值、偏移量、频率以及相位四个量在前面板中显示为输入控件，随后将输出的三角波信号的动态数据转换成数组数据；将仿真信号 2、4、6 设置成正弦波仿真信号，并将其正弦波幅值、偏移量、频率以及相位四个量亦在前面板中显示为输入控件，随后将输出的三角波信号的动态数据转换成数组数据。同样，利用条件结构来切换是否加载正弦调制信号。如图 4.48 所示是判断条件为"真"时，多频调制光谱激光器控制程序后面板程序框图，当判断条件为"假"时，正弦调制信号无效，仅输出三角波调谐信号。此外将仿真信号 7 设置成方波仿真信号，将其幅值设置成 2 V，偏移量和相位设置成 0.4 V，频率设置成 1 Hz，作为信号采集程序同步触发信号。最后利用合并信号控件将 4 路信号合并输入到 DAQ 助手，最终通过 NI 采集卡将三通道仿真信号分别加载到 DFB 半导体激光器驱动单元中，实现三个激光器的同时调谐和调制输出激光。

为实现激光器多频调制光谱控制程序前面板的简易化和美观化设计，三个激光器的波长调谐和调制控制程序设计采用层叠式设计。如图 4.49 为激光器多频调制光谱控制程序前面板——甲烷激光器的控制程序前面板，依据激光器工作技术参数，CH_4 分子的吸收峰中心位置对应三角波的驱动电压为 0.47 V，因此将其偏移量设置为 0.47 V，三角波幅值设置为 0.15 V，三角波频率设定为 1 Hz。调制信号参数设置中，正弦调制频率设置为三阶谐振频率的一半，即为 7314 Hz，类似于波长调制二次谐波探测，正弦波幅值对二次谐波具有显著的影响，理论上存在最佳的调制幅值，实验探测得出 0.04 V 为其最佳调制振幅，加载调制后的激光器驱动信号波形如面板中显示窗口所示。

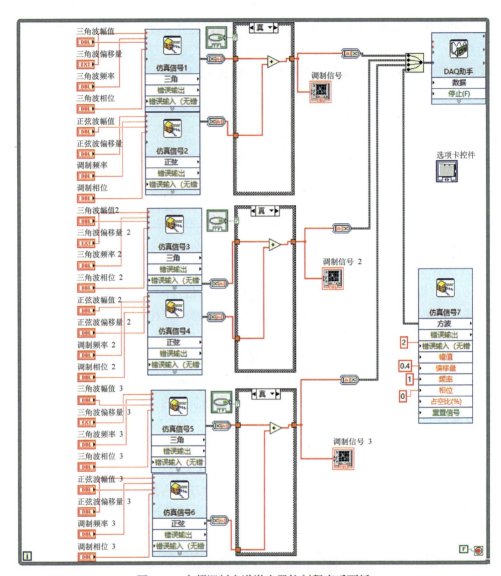

图 4.48 多频调制光谱激光器控制程序后面板

同理，如图 4.50 为激光器多频调制光谱控制程序前面板——水激光器的控制程序前面板，依据此激光器工作技术参数，H_2O 分子吸收峰的中心位置对应三角波驱动电压为 1.01 V，因此，将三角波的幅值设置为 0.150 V，偏移量设置为 1.01 V，正弦调制频率设置为 5114 Hz，正弦波幅值对应的最佳调制振幅为 0.0500 V。

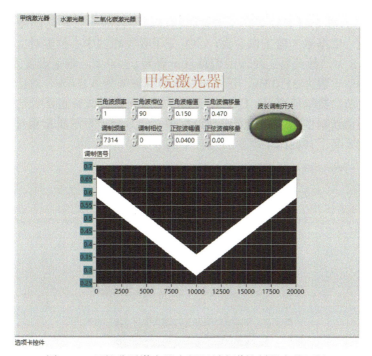

图 4.49　甲烷分子激光器多频调制光谱控制程序前面板

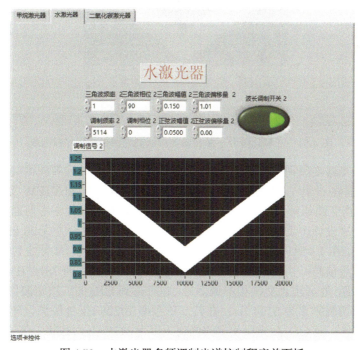

图 4.50　水激光器多频调制光谱控制程序前面板

　　图 4.51 为激光器多频调制光谱控制程序前面板——二氧化碳激光器的控制程序前面板，依据激光器工作参数，CO_2 分子吸收峰的中心位置对应三角波的驱动电压为 0.8 V，故此将三角波的偏移量设置为 0.800 V，幅值设置为 0.400 V，正弦调制频率设置为 3110 Hz，正弦波最佳调制振幅为 0.150 V。对比以上三个激光器的三角波参数幅值可见，CO_2 分子对应的激光器调谐振幅要明显大于 CH_4 和 H_2O 激光器调谐幅值。从分子光谱理论可知，CO_2 分子摩尔质量相对较大，其谱线加宽系数要高于其他两个摩尔质量较小的分子。

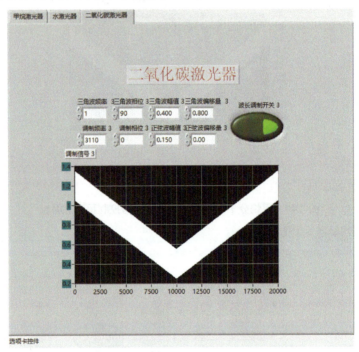

图 4.51　二氧化碳分子激光器多频调制光谱控制程序前面板

　　完成激光器多频调制光谱控制程序设计之后，还需进行多频调制光谱信号采集和解调程序设计。此程序涉及基于 NI 采集卡的 LabVIEW 数据采集和 LabVIEW 正交锁相解调算法（详见 3.6 节），学习者可自行参考前面相关章节的介绍。本程序设计中 DAQ 的采样数设置成 20 k，采样率设置成 20 kHz，打开数据测量开关，在 1 s 时间内 LabVIEW 软件采集的时域信号，实际上包含了三种气体的光声信号信息，由于 CH_4 分子激光器使用的调制频率为 7314 Hz，在其二倍频率 14628 Hz 处利用正交锁相解调信号，即可得到 CH_4 的二次谐波信号；H_2O 激光器使用的调制频率为 5114 Hz，在其二倍频率 10228 Hz 处解调，即可得到水的二次谐波信号；而 CO_2 激光器使用的调制频率为 3110 Hz，在其二倍频率 6220 Hz 处解调，即可得到甲烷的二次谐波信号，最终利用类似于频分复用原理即可将混合信号中的各个独立信号分别解调和分离出来。图 4.52 和图 4.53 分别为多频调制光声光谱多组分气体同时检测的数据采集和解调程序框图和前面板。

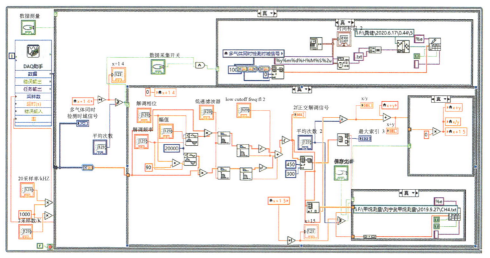

图 4.52 多频调制光声光谱多组分气体同时检测的数据采集和解调程序框图

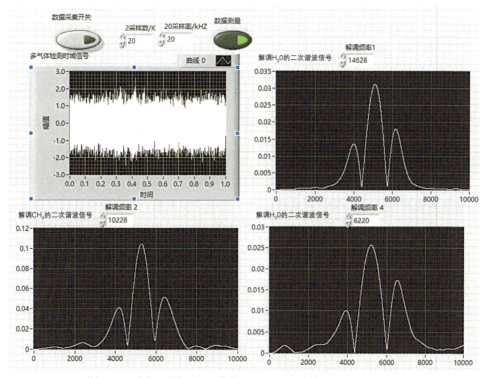

图 4.53 多频调制光声光谱多组分气体同时检测的程序前面板

　　针对多频调制共振光声光谱同时测量 H_2O、CO_2 和 CH_4 时可能存在的潜在串扰效应，亦开展了多组分同时测量与单组分测量对比实验研究。在球形光声池中冲入 17.5% 浓度 CO_2、1.15% 浓度 H_2O 和 1.34% 浓度 CH_4 的混合气体样品，其余稀释气体为高纯氮气（N_2）。多组分气体同时检测时，三束激光同时耦合到 3×1 光纤耦合器；而单组分探测时，仅目标激光光束耦合到 3×1 光纤耦合器，其他两束激光光束在测量对应气体成分时才依次耦合到光纤耦合器。如图 4.54（a）、（b）、（c）所示为两种检测模式下实验测量的 H_2O、CO_2、CH_4 气体分子二次谐波（2F）信号。为进一步对比和误差分析，将两种检测模式测量的二次谐波信号相减，计算出对应的残差分别如图 4.54（d）、（e）、（f）所示，由残差幅值可见相对误差皆在 0.004 之内，总体上呈现出较好的一致性。考虑到本实验中所有 2F 信号都是在单次激光波长扫描条件下记录的，没有任何信号平均值过程。因此，两者之间细微的误差主要受系统噪声的影响所致。

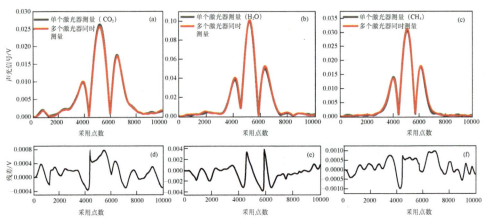

图 4.54　同时测量和单独测量的 H_2O、CH_4 和 CO_2 光声光谱二次谐波信号对比图

　　最后，对建立的多频共振光声光谱多组分气体检测系统进行稳定性评估，通过对球形光声池内已知气体样品进行数十分钟连续测量，并结合 Allan-Werle 方差分析方法对实验数据进行分析，如图 4.55 所示。Allan-Werle 方差分析结果表明，积分时间为 136 s、451 s 和 593 s 时，CO_2、H_2O 和 CH_4 的检测限分别为 83.0 ppm、1.23 ppm 和 2.84 ppm，对应归一化噪声等效吸收（Normalized Noise Equivalent Absorption，NNEA）系数分别为 5.46×10^{-10} $cm^{-1} \cdot W/\sqrt{Hz}$、$6.33 \times 10^{-10}$ $cm^{-1} \cdot W/\sqrt{Hz}$、$3.82 \times 10^{-10}$ $cm^{-1} \cdot W/\sqrt{Hz}$。相比于传统光声光谱实验系统，本实验系统所获得的检测灵敏度要明显高出 1 个数量级，对比结果如统计表 4.2 所示。此外，对比分析结果亦体现多频调制光声光谱探测技术在发展高灵敏度一体化气体传感器方面具有很好的潜在优势。

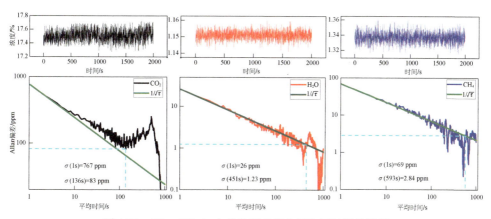

图 4.55 Allan-Werle 方差分析多组分气体同时测量结果

表 4.2 光声光谱实验系统测量灵敏度对比统计表

分子	波长/μm	Power/mW	Sensitivity/ppm	NNEA/（cm^{-1}·W/$\sqrt{\text{Hz}}$）	参考文献
CO_2	2.004	1.5	12	6.5×10^{-9}	Sensors and Actuators B 251: 632,2017
H_2O	1.396	7.8	0.1	2.1×10^{-9}	
CH_4	1.653	8.6	0.2	2.9×10^{-9}	
CO	1.568	2.93	249.6	3.4×10^{-9}	Applied Physics B 107(3): 861,2012
C_2H_2	1.534	1.71	1.5	3.6×10^{-9}	
CH_4	1.618	0.81	293.7	1.4×10^{-9}	
C_2H_2	1.533	12	4.284	—	Applied Optics 60: 838,2021
CO_2	1.578	10	341.96	—	
H_2O	1.369	15	2.502	—	
CH_4	1.653	11	75.435	—	
CO_2	1.574	4	83.0	5.46×10^{-10}	Sensors and Actuators B 369:132234,2022
H_2O	1.391	7	1.23	6.33×10^{-10}	
CH_4	1.653	2.1	2.84	3.82×10^{-9}	

4.6 石英音叉多频调制光谱传感技术

4.6.1 石英音叉光电探测器

电子设备对于信号的稳定性有着较高的要求，尤其是在需要精确时间同步或频率控制的系统中，而 LC 振荡器稳定性较差，频率容易漂移。为此，在振荡器中采用一个特殊的元件——石英晶体，可以产生高度稳定的信号，这种采用石英晶体的振荡器称为晶体振荡器。因此，晶体谐振器通常是指用石英材料做成的石英晶体谐振器，俗称晶振，起产生频率的作用，具有稳定、抗干扰性能良好的特点，广泛应用于各种电子产品中，如石英手表、计时器、空调遥控器、时钟等。通常所说的音叉晶振是指石英晶片外形类似音叉的晶振，即圆柱晶振的别称，其内部类似音叉的振荡器又称为石英音叉，通过圆柱形金属外壳密封在真空中。商业化的石英晶振，常用频率为 32.768 kHz，主要尺寸包括三种型号：3 mm×8 mm、2 mm×6 mm、1.5 mm×5 mm。石英晶振因其固有的谐振特性和压电效应，早期广泛用于温度、压力等物理量的测量和传感器研制中。

2002 年美国莱斯大学知名教授 Frank Tittel 教授领导的研究团队中 Kosterev 博士通过将石英晶振外壳去掉，利用其内部的石英音叉作为光声光谱的声信号探测器，提出了一种新型光声光谱技术，即石英音叉增强型光声光谱 (Quartz Enhanced Photoacoustic Spectroscopy，QEPAS)。其基本原理是利用时钟频率稳定元件石英晶振的振荡特性，石英晶振内部的物理结构如图微型音叉，以及其石英的材质，故称之为"石英音叉"。以具有高频谐振特性的石英音叉代替传统的麦克风作为声信号传感器，可以称得上是光声学领域一项重大进展。据此，国内外学者围绕石英音叉增强型光声光谱产生的机理、结构优化、激发方式、探测方法、信号处理方法和解调算法等方面开展了大量研究，该技术因具有体积小、灵敏度高、成本低、抗干扰性强等显著优势，而被广泛应用在环境监测、工业生产过程控制、医疗诊断等痕量气体检测领域。

光电探测器作为激光光谱系统中核心器件之一，其性能很大程度上决定了激光光谱系统的灵敏度。目前光电探测器种类繁多，依据不同的探测机理，通常分为热电探测器和光子探测器，分别基于光与介质相互作用时的热电效应和光电效应。然而，该类探测器的主要问题是，受探测器所用介质材料的自身特性限制，波长或频率响应带宽有限，无法满足整个电磁波范围内的全波段响应。而光谱学中，不同分子的强吸收"指纹"光谱区因其结构不同而存在显著差异，尤其是中红外光谱区域对应着大多数分子的强吸收基频带，如图 4.56 所示，中红外光谱范围是发展高灵敏激光吸收光谱传感器的理想波段。

目前中红外波段的光电探测器主要有碲镉汞探测器和量子阱探测器，总体上成本较高。近年来，红外碲镉汞（Mercury Cadmium Telluride，MCT）探测器已成为光谱研究领域普遍青睐的光电转换器件，尽管其波长响应范围可覆盖 2~16 μm，但是其探测灵敏度具有显著的逆带宽依赖特性，如图 4.57 所示为国际上普遍青睐的波兰 VIGO 公司生产的红外碲镉汞探测器实物图和其带宽响应特性曲线。由带宽响应曲线可见，MCT 探测器的检测灵敏度和波长响应带宽不可兼得。从而，无法满足"紫外-可见-红外"超宽光谱范围多个大气分子的同时测量需求。

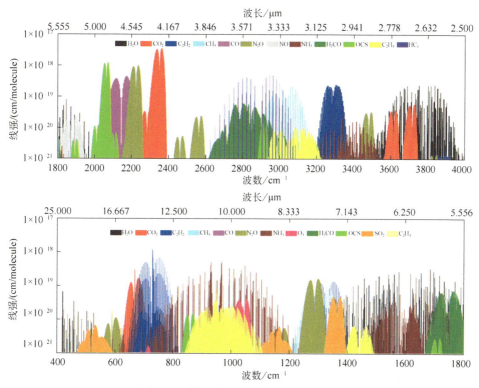

图 4.56 模拟的不同分子光谱分布特性

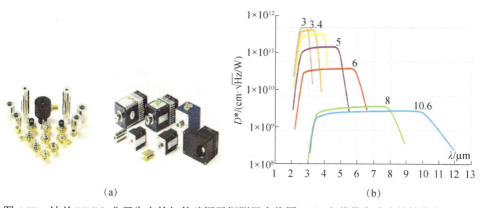

图 4.57 波兰 VIGO 公司生产的红外碲镉汞探测器实物图（a）和其带宽响应特性曲线（b）

针对传统半导体光电探测器在波长响应带宽和探测灵敏度之间不可兼得，以及超连续全波段光谱探测和应用需求，安徽大学李劲松课题组于 2016 年利用石英音叉的高谐振特性和压力效应创新性报道了一种石英音叉光电探测器和气体传感技术，并成功实现了近红外-中红外超宽范围气体分子吸收光谱的高分辨测量。与传统上石英音叉增强型光声光谱（QEPAS）技术的不同之处在于，所报道的石英音叉光电探测技术将激光光束直接聚焦到石英音叉表面，类似于半导体光电探测器的光电效应过程，当入射光的调制频率（连续光）或脉冲重复率（脉冲光）与音叉共振频率相匹配时，音叉表面的石英晶体吸收入射光能量，而产生热弹性机械共振，再由石英晶体的压电效应而产生感应电流，在石英音叉的两个引脚连接高精度、低噪声阻抗匹配前置放大电路，从而实现"光-电"信号的转换。如图 4.58 所示石英音叉在 QEPAS 技术中作为声信号传感器（b）和安徽大学提出的光电探测器（a）工作原理示意图。

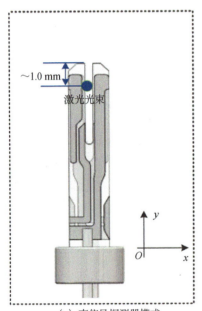
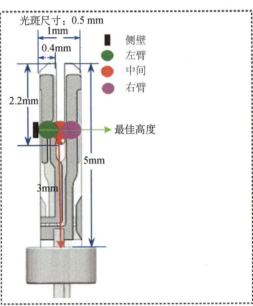

（a）声信号探测器模式   （b）光电探测器模式

图 4.58   石英音叉声探测器和光电探测器 3D 结构示意图

石英音叉光电探测器检测的光信号需要满足入射光的调制频率（连续光）或脉冲重复率（脉冲光）与音叉共振频率相匹配。商业化圆柱形晶振谐振频率 32.768 kHz 是在真空密封的环境中，当石英音叉处于大气环境中（即 1 标准大气压）时，石英音叉的谐振频率将会产生显著的漂移，且带宽亦随着压力的增加而变宽，品质因子随着压力的增加而变小。如图 4.59 所示为实验室条件下测量的石英音叉共振频率轮廓曲线，通过对实验数据进行洛伦兹线型拟合，可以得到石英音叉的最佳中心频率为 32782 Hz，带宽约为 5 Hz，品质因子 Q 值为 8335，相比于真空条件下的 Q 值（10^4 量级），发生明显的衰减效应。

由此可见，以石英音叉作为光电信号探测器时，在带宽响应范围之内，调制频率越接近最佳中心频率，探测效率越高。当调制信号和解调信号软件或硬件系统分辨率足够高时，就可以在无限接近最佳中心频率处产生多个不同调制频率，在忽略调制频率对信号幅值的影响的情况下，可建立起一种基于多频同时调制技术的多通道信号同时探测技术。基于此过程，可发展出基于石英音叉增强型多频调制技术和多组分气体同时探测技术。以下将以上述中心频率在 32782 Hz 的石英音叉探测器和三频调制技术为例，对音叉频率响应带宽范围内的多频信号进行 LabVIEW 仿真模拟分析。

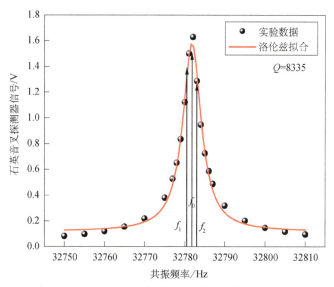

图 4.59　石英音叉共振频率轮廓曲线

4.6.2　石英音叉多频调制光谱技术

选择"函数"选板中"Express"选项，单击"输入"选板中"仿真信号"控件，以 1 Hz 分辨率选择三个频率 $f_1 = 32781$ Hz，$f_0 = 32782$ Hz（石英音叉中心频率），$f_2 = 32783$ Hz 分别创建正弦仿真信号函数，单击"Express"选项中"信号分析"选板中的"频谱测量"控件，可以实现时域信号的频谱转化，如图 4.60 所示为仿真信号函数及频谱分析控件。

多个正弦仿真信号的叠加过程，可通过"数值"选板中的"加法控件"子选板完成对信号的叠加，基于以上所示仿真信号创建和叠加过程创建的多个频率叠加信号仿真程序，如图 4.61 所示，多频信号的具体参数可以通过鼠标右键对特定参数输入端添加"输入控件"进行更改，并通过对输出信号添加"显示控件"对各个频率信号进行显示。当以 1 Hz 分辨率设定三个频率 $f_1 = 32781$ Hz，$f_0 = 32782$ Hz（石英音叉中心频率），$f_2 = 32783$ Hz，振幅皆设定为 1，偏移量皆为 0 时，分别创建的单频和混频时域正弦仿真信号和其相应的频域频谱信号，如

图 4.62 所示的 LabVIEW 前面板所示。由 FFT 频谱分析给出的频域频谱信号可见，本仿真实验系统中，1 Hz 分辨率间隔的多频调制信号，完全可实现无干扰信号解调和有效分离。

(a)　　　　　　　　　　　　(b)

图 4.60　仿真信号函数（a）以及频谱分析控件（b）

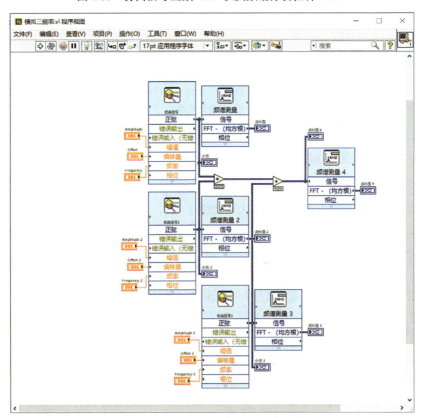

图 4.61　多个频率叠加信号仿真程序

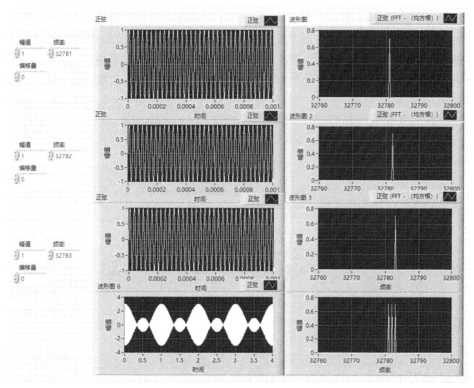

图 4.62　多频信号时域与频域信号显示前面板

基于以上仿真研究结果，以下将通过实验介绍基于单个石英音叉探测器的三频调制技术同时测量三种气体组分的实验设计过程。如图 4.63 所示为基于单个石英音叉探测器的多组分气体传感系统示意图，本实验以大气中典型成分：水（H_2O）、二氧化碳（CO_2）和甲烷（CH_4）为研究对象，以三个中心波长不同的光纤输出型连续可调谐分布反馈式半导体激光器分别作为三个分子吸收光谱激发光源，中心谐振频率为 32782 Hz 的石英音叉作为多频调制信号探测器，实验中还需要 3×1 光纤耦合器和光纤准直器、信号发生器、前置放大器、气体吸收池、聚焦透镜、数据采集卡和计算机，以及气体配制和采样过程所需要的标准气体样品、流量控制器、压力控制器、聚四氟乙烯通气管和三通阀等实验器件。实验中采用的三个半导体激光器的中心波长分别为 1391.67 nm、1574.03 nm 和 1653.72 nm，分别对应 H_2O、CO_2 和 CH_4 分子的吸收光谱测量。激光器发射激光和波长调谐通过自行研制的激光驱动控制电路板实现，信号发生器输出的低频三角波叠加上位机 LabVIEW 和 NI 数据采集卡输出的高频正弦波，通过加法器耦合后注入到激光器控制电路板驱动激光器在一定范围发射激光。三路激光器输出的激光光束直接通过 3×1 光纤耦合器和光纤准直器形成一束激光，沿气体吸收池中心轴线水平穿过，出射光束由透镜聚焦后直接入射到石英音叉探测器表面。石英音叉探测器将光信号转化成电信号后输入到前置放大器，再由数据采集卡通过 AD 转换，结合上位机 LabVIEW 数据采集软件实现数据实时采集、显示、预处理和存储等。

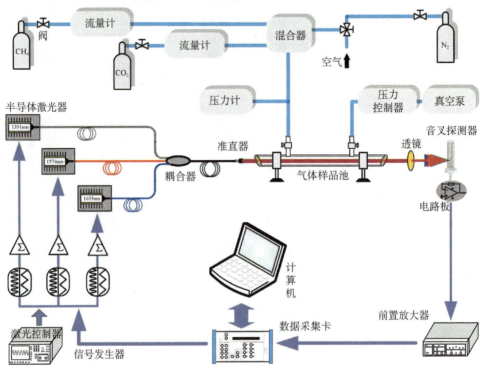

图 4.63　基于单个石英音叉探测器的多组分气体传感系统示意图

半导体激光器在其输出波长范围内的波长调谐特性主要受其工作温度和驱动电流大小影响，因此实验前首先需要对激光器输出波长进行定标。波长定标过程采用德国 HighFinesse 高精度波长计（HighFinesse GmbH，WS6-200）在激光器各个工作温度下记录驱动电源/电流和输出波长之间的关系曲线，如图 4.64 所示为三个激光器在不同工作温度范围输出波长对应驱动电压的响应曲线。依据高分辨率传输分子吸收数据库 HITRAN 可查阅到 H_2O、CO_2 和 CH_4 三个分子在激光器输出波长调谐范围内的吸收光谱分布情况。结合激光光谱探测气体技术中分子谱线选择标准，本实验中选择的三个分子谱线参数如表 4.3 所归纳结果。相应谱线波长大小对应激光器的工作参数如图 4.64 中虚线所示，可见相应激光器工作温度分别为 33℃、30℃和 30℃，分别对应于 H_2O 的吸收线在 1391.67 nm 附近，CO_2 吸收线在 1574.03 nm 附近，CH_4 吸收线在 1653.72 nm 附近。

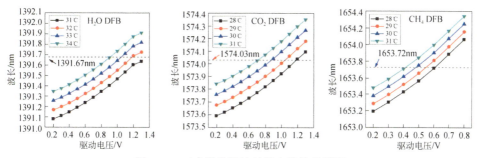

图 4.64　三个激光器波长输出特性曲线图

表 4.3　选择的三种分子谱线参数列表

分子	波长/nm	波数/cm^{-1}	线强/（cm/mol）
H_2O	1391.67276	7185.59728	$5.931×10^{-22}$
H_2O	1391.67290	7185.59655	$1.977×10^{-22}$
CO_2	1574.03395	6353.10312	$1.134×10^{-23}$
CH_4	1653.72254	6046.96359	$1.455×10^{-21}$
CH_4	1653.72582	6046.9516	$9.277×10^{-22}$
CH_4	1653.7283	6046.9425	$7.877×10^{-22}$

激光光谱调制技术中，依据调制信号波形的不同，所产生的光谱信号波形亦不同。当调制信号为方波时，方波信号高电平高于激光器工作阈值电平驱动激光器发光；而方波信号低电平低于激光器工作阈值电平，激光器不发射激光，整个方波调制过程类似机械式斩波器调制过程，调制激光在开和关之间切换，此类调制过程属于振幅调制。当调制波形为正弦波时，属于波长调制。波长调制是通信用语，光谱调制技术中就调制频率而言，通常分为波长调制光谱法（Wavelength Modulation Spectroscopy，WMS）和频率调制光谱法（Frequency Modulation Spectroscopy，FMS）。WMS 的调制频率远小于气体分子吸收谱线的线宽，一般在几十 kHz 到几 MHz；而 FMS 的调制频率极高，与谱线吸收线宽大致相当，通常在数百 MHz 量级。因此，WMS 技术成本相对较低，相较于直接吸收检测技术而言，有着较高的检测灵敏度和测量精度。FMS 技术中系统的低频噪声更容易被降低，且系统探测灵敏度比 WMS 高，但是对激光器和探测器的性能要求较高，总体成本亦较大。

确定激光器输出波长对应分子吸收光谱线后，需要设计 LabVIEW 调制程序用于各个激光器的波长调谐和调制。程序设计主要思路：首先对三个激光器的驱动电压信号进行仿真模拟，驱动信号包括三角波扫描信号和正弦波调制信号；然后利用数据采集卡的"生成信号"模块将仿真的模拟信号加载到三个近红外 DFB 半导体激光器驱动电路板中。由图 4.64 可知激光器在特定工作温度下波长调谐的范围与激光器驱动电压或电流大小相关，本实验中通过三角波进行激光器波长调谐控制，三角波信号幅值选择应结合所使用激光器波长调谐率和阈值范围特性。另外，正弦波调制信号需要结合石英音叉的频率谐振响应特性，如以上所述多频调制频率选择原则，首选石英音叉最佳中心频率 $f_0 = 32782$ Hz 作为一个分子的探测频率，另外以中心频率左右对称间隔为 1 Hz 的 $f_1 = 32781$ Hz 和 $f_2 = 32783$ Hz 作为另外两个分子的探测频率。波长调制光谱技术中，谐波探测频率 f_{det} 与调制频率 f_{mod} 之间的关系为 $nf_{mod} = f_{det}$，其中 n 为谐波次数。以普遍采用的二次谐波探测为例，调制频率 f_{mod} 应该为 f_{det} 探测频率（即：音叉共振频率）的 1/2。故此，本案例中，选择 H_2O 分子、CO_2 分子和 CH_4 分子的石英音叉探测频率分别为 $f_1 = 32781$ Hz，$f_0 = 32782$ Hz 和 $f_2 = 32783$ Hz。二次谐波探测方法中，发射波长为 1391.67 nm 的 H_2O 分子对应的激光器调制频率应为 $f_1 / 2 = 16390.5$ Hz，发射波长为 1574.03 nm 的 CO_2 分子对应的激光器调制频率应为 $f_0 / 2 = 16391$ Hz，而发射波长为 1653.72 nm 的 CH_4 分子对应的激光器调制频率应为 $f_2 / 2 = 16391.5$ Hz。

综上所述本实验设计的三个激光器的波长调谐和调制 LabVIEW 框图程序如图 4.65 所示，首先通过"仿真信号"控件对需要的加载信号进行配置，通过"条件结构"来实现扫描信号上的添加和不添加调制信号，将仿真的模拟信号通过"DAQ 助手"对采集的输出通道进行配置，选择"ao0"输出。配置完成后，对仿真的信号各参数输入端添加"输入控件"进行参数调整，并对输出信号添加"显示控件"实时显示波形。如图 4.66 是在不添加调制时激光器的驱动信号，图 4.67 所示为添加调制时激光器的驱动信号，通过开关按钮对注入激光器的驱动信号可

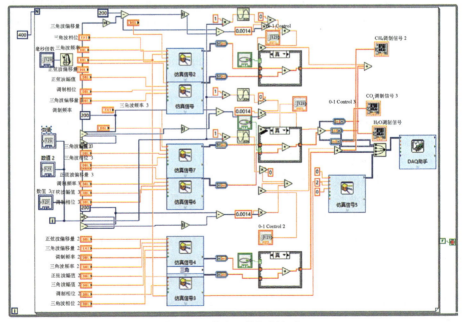

图 4.65 激光器的控制程序

以选择添加调制和不添加调制。激光器的波长扫描也可以通过添加直流电平进行步进扫描，程序中通过改变模拟信号的幅值来实现，当石英音叉作为探测器时，我们选择电平扫描模式，该模式下只需要将三角波幅值变为 0，通过 FOR 循环结构对三角波幅值为 0 的直流电平偏置进行步进扫描即可。

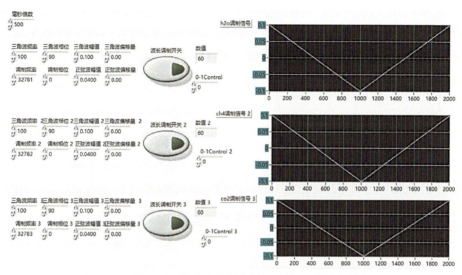

图 4.66　无调制信号时激光器控制程序前面板和波形图

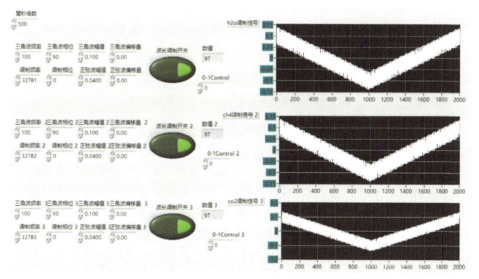

图 4.67　加调制信号时激光器控制程序前面板和波形图

　　完成激光器驱动和调制程序设计后，接下来需要设计石英音叉探测器信号的采集和解调程序。信号采集任务主要是通过前面章节介绍的 AD 转化设备数据采集卡和"DAQ 助手"编写 LabVIEW 程序实现探测器数据采集，数据采集和分析程序后面板如图 4.68 所示，通过"DAQ 助手"完成数据采集卡采集通道配置，对石英音叉探测器的时域信号进行采集，将采集到的时域信号通过"频谱分析"控件进行 FFT 频域转换，同时对频域信号进行最大值索引，即可实现不同频率信号的频谱峰值提取和分离。另外，通过 LabVIEW 写入控件可以对解调后的信号进行实时保存，以供下一步处理分析，程序的其他拓展功能，如信号多次平均、滤波降噪等，可依据用户实际需求进行自主设计。

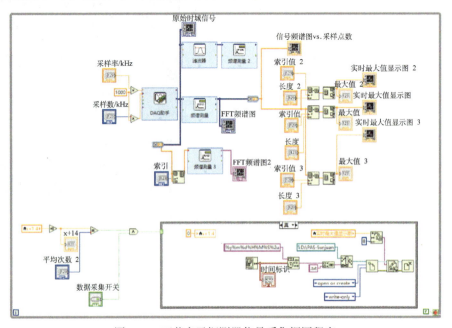

图 4.68　石英音叉探测器信号采集框图程序

图 4.69 展示了石英音叉探测器信号采集程序前面板，此界面中包含了实时采集的时域信号和 FFT 实时分析的频域信号，以及基于三个频谱峰分别提取出来的 FFT 峰值而形成的 H_2O、CO_2 和 CH_4 二次谐波信号，本程序界面最左边亦给出了采集卡采样率和采样数设定值，以及针对三个频谱峰位置设定的索引值和索引范围。为进一步清晰展示多频调制技术中石英音叉探测器输出的时域信号和频谱分析过程，图 4.70（a）和（b）分别给出了单独测量各个调制频率下的时域信号，及其 FFT 分析的频谱图；而图 4.70（c）和（d）分别展示了同时测量三个调制频率下的时域信号，及其 FFT 分析的频谱图。由此分析结果可见，多频调制探测技术中，各个调制频率之间的间隔需要最优化选择。频率间隔太小虽然可保证各个频谱峰的最大化，但是易引起频谱峰之间的串扰；频率间隔太大虽然可完全分离各个频谱峰，避免之间的串扰影响，但是调制频率选择偏移石英音叉最佳调制频

率越远，信号幅值衰减越大。实际应用中，应结合多频调制个数和实验硬件条件选择最佳的频率间隔，以实现最优化探测效果。

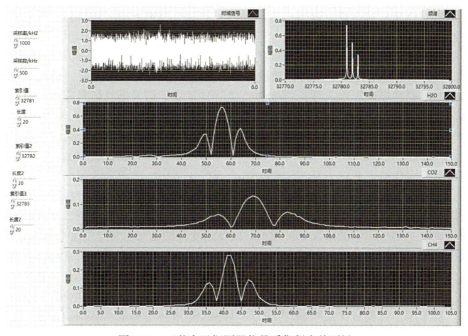

图 4.69 石英音叉探测器信号采集程序前面板

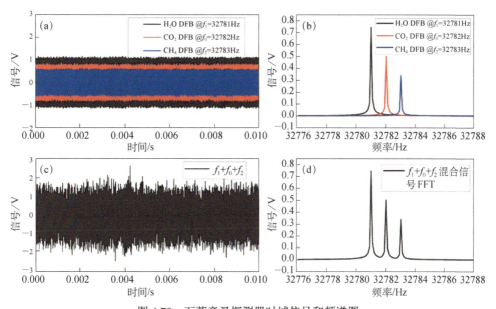

图 4.70 石英音叉探测器时域信号和频谱图

4.6.3　石英音叉混频调制 2F/1F-WMS 光谱技术

半导体激光器中以正弦波作为调制信号的波长调制光谱（WMS），正弦波在调制激光器发射波长的同时亦对半导体激光器输出光强产生调制作用，这个光强度的影响过程被称为残余振幅调制（Residual Amplitude Modulation，RAM），RAM 效应导致的光强变化对谐波检测信号的线型产生一定的影响，进而对检测结果的准确性产生影响。波长调制中二次谐波（2F）信号因其信号幅值与吸收气体浓度之间满足的线性关系而被广泛应用于气体浓度检测。针对 WMS-2F 探测气体浓度技术中 RAM 效应的影响，本章将结合一次谐波（1F）归一化的二次谐波（2F）探测技术（即 2F/1F-WMS 光谱技术）进一步展示石英音叉探测器在调制光谱中的应用优势，具体为基于混频调制的石英音叉 2F/1F-WMS 光谱技术。

混频调制技术原理上类似于上述多频调制技术，主要区别在于加载于激光器的混频调制信号为频率近似相差 2 倍的两个正弦信号，以实现单个音叉同时探测波长调制光谱技术中的一次谐波信号，以及二次谐波信号。为实现这个技术目标，两个调制频率不能完全为 2 倍关系，同时考虑到石英音叉的谐振频率响应带宽一般为 4～6 Hz，需要满足一次谐波和二次谐波信号解调频率均要在石英音叉共振频率响应范围内，且尽可能在最佳中心频率附近，以获得最大的信号增强效果。

基于单个石英音叉混频调制 2F/1F-WMS 光谱技术原理示意图，如图 4.71 所示，本实验中激光光源为单个半导体激光器，其中心发射波长为 1391 nm，此波长范围与水汽分子的吸收谱线相匹配，可以空气中水汽为分析对象检验技术方案。主要实验器件与上述基于单个石英音叉探测器的多组分气体传感系统中所采用的

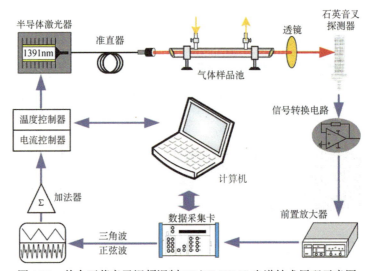

图 4.71　单个石英音叉混频调制 2F/1F-WMS 光谱技术原理示意图

部分器件相同，实验结构和光路设计亦相似，具体流程不再赘述，将围绕主要关键技术内容进行阐述。软件设计方面主要包含 LabVIEW 仿真混频调制信号和石英音叉信号采集与解调程序，其主体框架结构亦类似于三频调制程序，单调制频率的大小需要最优化取值。激光器的驱动信号加载过程同样需结合 NI 数据采集卡，利用采集卡模拟输出通道将 LabVIEW 仿真混频调制信号输出到激光器驱动电路控制板，信号采集过程通过模拟输入通道将石英音叉探测器输出的模拟信号转换成数字信号，并显示在上位机 LabVIEW 数据采集和分析界面中。如图 4.72 所示为混频调制 2F/1F-WMS 实验设计中激光器调制 LabVIEW 框图程序后面板，与其相应的 LabVIEW 程序前面板如图 4.73 所示。

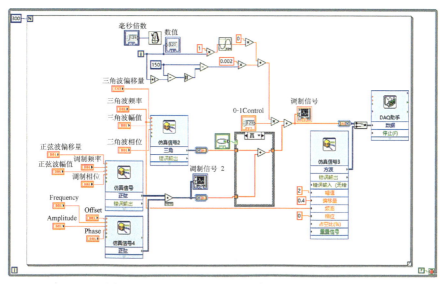

图 4.72　激光器混频调制信号框图程序后面板

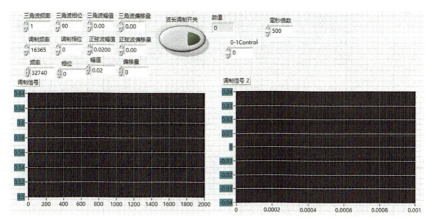

图 4.73　激光器混频调制信号程序前面板

　　石英音叉混频信号采集和解调程序后面板程序框图和前面板界面分别如图 4.74 和图 4.75 所示。具体设计过程类似于以上所述多频调制程序设计，值得提出的是一次谐波和二次谐波信号解调频率和 FFT 频谱分析索引值范围的选择需要精准设定，其他程序流程类似，在此亦不再赘述。

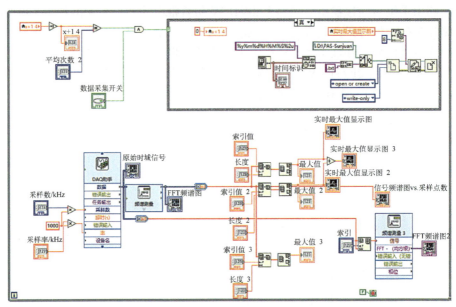

图 4.74　石英音叉混频信号采集和解调程序框图

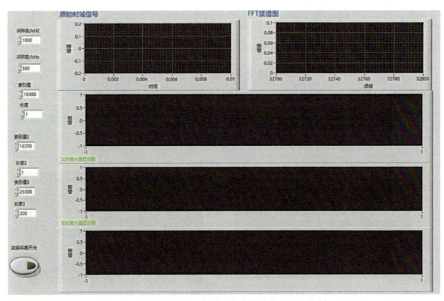

图 4.75　石英音叉混频信号采集和解调程序前面板

本实验中混频调制信号分别选择 $f_1 = 16365$ Hz 和 $f_2 = 32732$ Hz 两个正弦信号及其混合叠加后的频谱信号，分别如图 4.76（a）和（b）所示，将叠加后的混频信号作为激光器调制信号。石英音叉探测器检测到的混频调制激光信号如图 4.76（c）所示，在时域上显然无法分辨各个信号源，但是经过快速傅里叶变换后可以将两个频率的信号有效分离，如图 4.76（d）所示，频谱信号中的 2 倍 f_1 频率以及 1 倍 f_2 频率信号分别对应二次谐波（2F）信号源峰值和一次谐波（1F）信号源峰值，由此频谱信号峰值可见，1F 信号峰值要明显高于 2F 信号峰值，此结果与谐波检测理论具有很好的一致性。

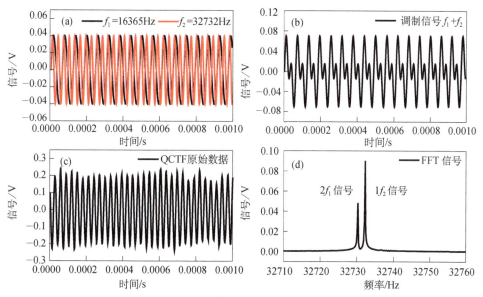

图 4.76　混频调制和解调技术原理

以上信号是在固定激光器发射波长的条件下获得的，要获取完整的谐波光谱信号，需要对激光器的输出波长在一定范围内进行调谐和信号同步提取。石英音叉探测器不同于半导体光电探测器，受其光电转换的物理机制限制，无法实现快速的光电信号转化和输出，通常在 1 Hz 时间分辨率以内。实验中依据激光器发射波长和驱动电压之间的响应关系，通过缓慢改变激光器驱动电压幅值，并同步记录每个驱动电压值相对应的 1F 和 2F 频谱峰值，即可实现记录完整的 1F 和 2F 全光谱信号。本实验中检测的信号为室内空气中水汽分子吸收产生的光谱信号，为了研究完整的谐波信号和谐波信号幅值对吸收气体浓度的依赖特性，实验中采用商业化高纯氮气对吸收池内的空气样品进行多次稀释，通过此过程将 1.61% 浓度空气样品水汽含量稀释到 0.18%。在 1 Hz 时间分辨率条件下，记录的 1F 和 2F 全光谱信号，以及 2F/1F 全光谱信号如图 4.77 所示。为清晰展示谐波信号幅值与吸收气体浓度之间的依赖关系，此图右面板分别给出了各个谐波信号峰值与水汽浓度之间的关系图和相应的线性拟合结果，相关拟合参数亦标注在图形面板内，拟合结果显示 1F、2F 和 2F/1F 信号与水汽浓度的线性相关度 R^2 分别为 0.9883、0.9946 和 0.9991，可见 2F/1F 信号的线性相关度最高。理论上受半导体激光器残余振幅调制效应的影响，激光器光强的变化将会对谐波信号幅值产生一定的影响，而 2F/1F-WMS 技术本质上可抑制光强变化的影响，进而体现出更高的线性度。

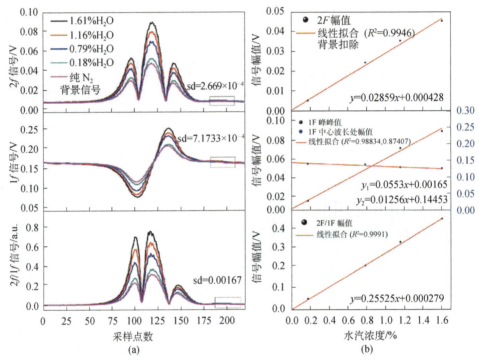

图 4.77　不同水汽浓度下的 1F、2F 及 2F/1F 全光谱信号（a）和相应的浓度响应曲线（b）

　　为进一步检验 2F/1F-WMS 技术在抗光强波动干扰和影响中的优越性，本实验通过光束抖动、气流扰动和机械振动等方式进行了综合对比实验研究。图 4.78 给出了连续 2400 s 内不同环境干扰情况下，实验测量的 1F、2F 和 2F/1F 信号幅值变化情况，由此可见 1F 和 2F 信号幅值对激光器光强的变化具有相似的敏感性，受其影响较为显著；而 2F/1F 信号幅值在整个实验过程具有较高的稳定性，可有效抑制环境干扰的影响。

　　综上所述，石英音叉高谐振频率特性可有效抑制 $1/f$ 噪声，而基于石英音叉的 2F/1F-WMS 气体传感技术具有显著的抗环境干扰影响的优越性。此外，低成本、低功耗和小体积等属性，使得石英音叉作为一种新型光电探测器在发展新型多组分气体技术和气体传感器方面具有潜在的优势。然而，石英音叉谐振特性受其工作环境温度、压力和湿度的影响，实际应用中，还需要解决诸多环境因素的影响，才能实现长期可靠的运行和商业化。

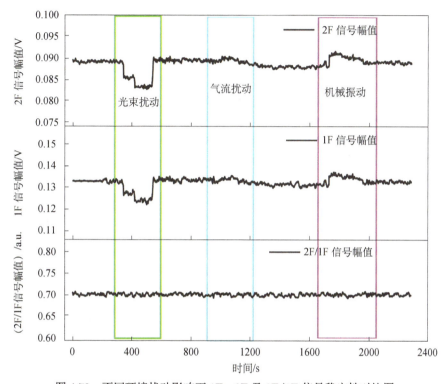

图 4.78　不同环境扰动影响下 1F、2F 及 2F/1F 信号稳定性对比图

4.7　LabVIEW 在深海传感器中的应用

激光光谱作为一种光学的分析技术，通过研究光与物质相互作用的不同形式，并从中反演出一系列的物理量信息，如光、电、磁、声和热等。光谱分析法相比于传统的化学分析法，具有响应时间短、选择性好、非破坏性和无污染性等显著优势。激光光谱技术是一种非侵入式激光诊断技术，具有高精度、高灵敏等特点，广泛应用于环境监测、生物医学诊断、工农业生产控制、材料科学、航天航空、国家和国防公共安全、地质和海洋勘探，以及太空探索等前沿学科领域。

海洋占地球面积高达 70.8%（约 3.6 亿平方千米），是孕育地球生命的摇篮，蕴藏着丰富的生物资源和矿物资源，具有潜在的巨大经济价值，是迄今人类探索与研究欠缺的区域，从而成为 21 世纪人类可持续发展的新领地。

　　近年来，激光光谱技术因其成本低、灵敏度和选择性高、环境适应性好等特性，在海洋复杂环境应用中逐渐显露出一定的潜力。尤其是基于光学谐振腔的高精度腔衰荡和离轴积分腔输出光谱技术具有灵敏度高、响应时间快等优点，从陆面大气痕量气体监测，已逐步拓展到海洋海水溶解气分析，主要包括甲烷（CH_4）和二氧化碳（CO_2）。国际上，海洋科学家们利用美国 Los Gatos Research 公司研制的离轴积分腔输出光谱（Integrated Cavity Output Spectroscopy，ICOS）分析仪，以及美国 Picarro 公司研发的 G2201-i 光腔衰荡光谱仪（Cavity Ring Down Spectroscopy，CRDS）用于同时测量海水中溶解态 CO_2、CH_4 气体浓度及同位素成分，通过搭载各类海洋深潜器成功进行原位海试试验。

　　近年来，为贯彻落实国家海洋强国战略部署，我国科技部会同国家发展改革委、教育部、中国科学院等多个科技主管部门，共同编制了国家重点研发计划"深海关键技术与装备"重点专项实施方案。围绕海洋高新技术及产业化的需求，研制深远海油气及水合物资源勘探开发装备，促进海洋油气工程装备产业化，推进大洋海底矿产资源勘探及试开采进程，加快"透明海洋"技术体系建设，为我国深海资源开发利用提供科技支撑。在深海观测/探测传感器、设备和系统研制及规范化海试方面，围绕我国深海科学研究、海洋工程和资源开发等领域的战略发展需求，在科技部国家重点研发计划"深海关键技术与装备"重点专项的资助下，安徽大学和国家深海基地管理中心、青岛科技大学联合承担了"基于载人潜水器的深海原位多参数化学传感器研制"的科技攻关项目。本项目联合研制出了适用于深海运载器平台携带及作业布放的"深海多参数化学原位传感器"，传感器以迷你型高功率发光二极管（LED）作为激发光源，采用全光纤传输方式的设计理念，结合基于朗伯-比尔定律的全光谱检测方法和化学显色法，可同时测量深海溶解态 Fe（Ⅱ）、Fe（Ⅲ）、Mn（Ⅱ）和硫化物四种参数，在国际深海原位传感器研究领域实现了重大突破，通过搭载"蛟龙号"载人潜水器，工作深度可达 7000 m。

　　深海多参数化学原位传感器通讯软件采用 LabVIEW 软件开发，可用于传感器系统控制和通讯、数据传输与显示、在线实时分析、数据存储等功能。LabVIEW 通讯软件主要包括三个模块：LED 控制及光谱测量模块、信号降噪与处理模块、温湿度压力测量模块。

　　LabVIEW 通讯软件主界面默认显示为"LED 控制及光谱测量模块"，如图 4.79 所示，该模块主要用于传感器激发光源 LED 工作参数控制、传感器光谱信号检测光谱仪通讯与控制、光谱信号实时显示和预处理，图 4.80 为 LED 控制及光谱测量模块 LabVIEW 软件程序框图。

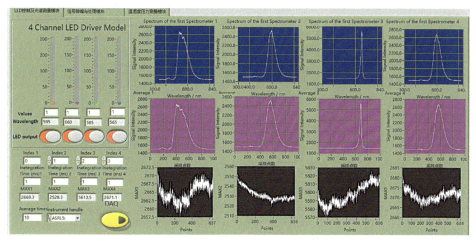

图 4.79 深海多参数化学原位传感器 LabVIEW 通讯软件——LED 控制及光谱测量模块

1. LED 控制及光谱测量模块

LED 控制及光谱测量模块软件界面为主界面默认显示窗口,其左上角为传感器所用四通道的 LED 控制模块,其中 LED output 按钮为控制 LED 发光的按钮;Values 表示设置的 LED 的发光电流,并且在其上方条状显示器中显示出来,电流的最大值为 200 mA,且可调;Wavelength 显示框显示的是当前连接在该通道的 LED 发光的中心波长。

软件界面左下角为传感器四通道光谱仪控制模块中的参数设置部分,其中 DAQ 为控制光谱仪数据采集按钮;Index 1~Index 4 为设置光谱仪索引,光谱仪通过 USB 通讯接口协议与计算机连接的时候,按照插入的先后顺序会分配链接地址分别为 0~3;Inetegration Time(ms)1~Inetegration Time(ms)4 为设置光谱仪的积分时间选项,可分别设置各个光谱仪的积分时间;Average times 为设置光谱数据平均次数选项,提高光谱数据平均次数可有效提高光谱数据信噪比,但是会影响光谱输出时间,设置其参数时应综合考虑;instrument handle 为索引光谱仪 I/O 接口模块,光谱仪插入 PC 后索引一次即可。MAX1~MAX4 为显示控件,显示四个光谱仪测量的光谱数据的中心波长的强度,此窗口依据信号处理需求,可用于显示不同的处理结果。

软件界面中显示窗口分别显示不同光谱仪测量的光谱数据,上面板四个窗口为测量到的原始光谱数据,中间面板四个窗口为多次信号平均后的光谱数据,最下面四个窗口为测量的光谱信号中心波长处的光强。

2. 信号降噪与处理模块

信号降噪与处理模块软件主界面包含了两个信号降噪模块和测量物质浓度计算模块,如图 4.81 所示,左上角为测量开关,用于控制此三个模块程序运行的按钮,图 4.82 和图 4.83 分别为信号处理与滤波降噪模块 LabVIEW 程序框图。

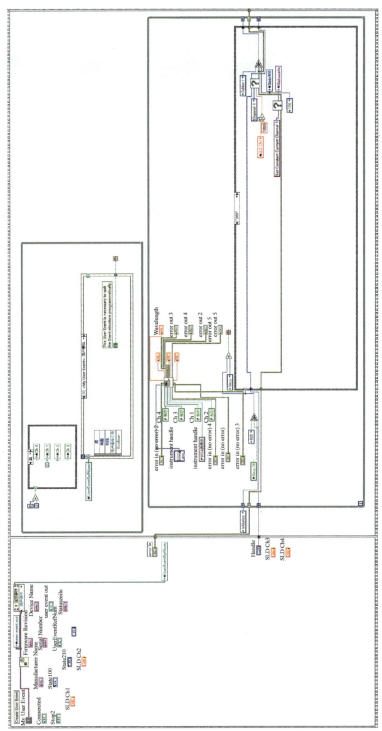

图 4.80　深海多参数化学原位传感器 LabVIEW 通讯软件——LED 控制及光谱测量模块程序框图

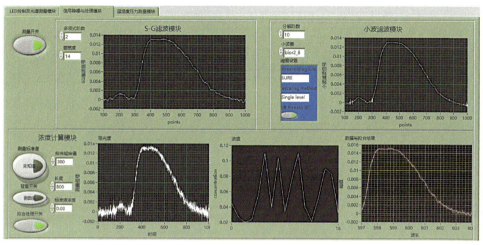

图 4.81　LabVIEW 通讯软件——信号降噪与处理模块界面

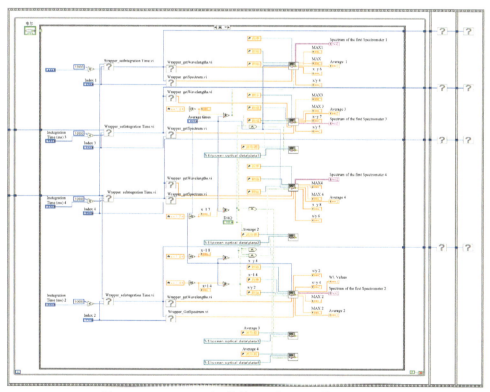

图 4.82　LabVIEW 通讯软件——信号处理模块程序框图

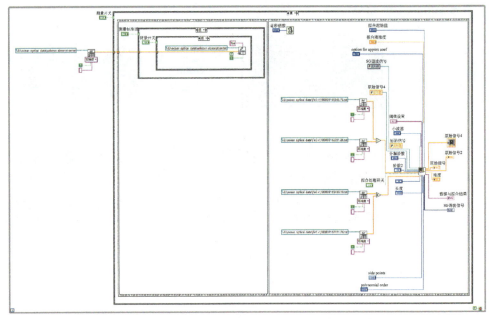

图 4.83 LabVIEW 通讯软件——滤波降噪模块程序框图

S-G 滤波模块中可设置多项式阶数和窗宽度以获得最佳滤波参数，小波滤波模块同样为了降低光谱信号噪声，可通过设置分解阶数、小波基和阈值等参数获得最佳滤波信号。浓度计算模块分别设有"测量标准谱"、"背景开关"和"拟合处理开关"按钮，可用测量的标准光谱与未知样品光谱进行拟合以获得未知样品的浓度信息；"拟合起始值"和"长度"可设置拟合的范围，测量标准谱时需要知道"标准液浓度"；数据框图从左到右分别显示的为测量的原始吸收光谱数据、计算的浓度以及拟合结果对比显示。

3. 温湿度压力测量模块

温湿度压力测量模块软件主界面包含了温度测量、湿度测量和压力测量结果实时显示窗口，通过采集集成在深海多参数传感器内部的温湿度和压力传感器输出结果，用于实验条件参数的实时监控。如图 4.84 和图 4.85 所示分别为温湿度和压力测量模块界面及 LabVIEW 程序框图，前面板显示界面中"测量开关"为控制该模块运行的按钮，从左到右窗口中分别显示了实时测量的温度、湿度和压力数据。

执行文件，并保存在指定的目标位置。此外，还可以生成 SETUP 文件，用户可以将自己的 LabVIEW 程序安装到其他计算机设备，而不需要安装 LabVIEW 开发环境，使得 LabVIEW 开发的应用程序更加方便和易于分享，对于科学研究等领域中提高工作效率具有重要作用。

LabVIEW 环境中创建可执行文件（.exe）以及制作安装程序过程，包括创建项目、设置源文件、图标和生成过程等。首先打开待创建可执行文件的 VI 文件，在文件前面板或后面板"工具"菜单中选择"通过 VI 生成应用程序（EXE）"，打开创建可执行文件操作对话框，如图 4.87 所示。另外，可通过 LabVIEW"文件"菜单中选择"创建项目"的方式创建可执行文件。在创建的项目中将所有需要的文件，包括主 vi 和所有子 vi，以及关联的文本文件等附属文件，都放置到一个文件夹中，并确保所有程序都能正常执行。

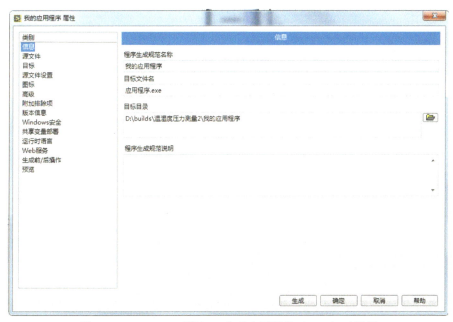

图 4.87　LabVIEW 通过 VI 生成应用程序（EXE）对话框

在应用程序左边"类别"栏"信息"菜单中"程序生成规范名称"和"目标文件名"输入所需创建的 EXE 文件名和目标文件名，本例中对应文件名修改为"温湿度气压实时监测软件"，应用程序目标目录会有一个默认的路径，务必确保默认路径中包含了所有相关文件。单击"源文件"菜单，在此菜单左边的"启动 vi"栏中导入需要创建 EXE 文件的 vi 文件，本例中的主 vi 是"温湿度压力测量.vi"，将此主 vi 添加到右边的"启动 vi"栏里面。单击"目标"菜单，在这里可以设置 EXE 文件和支持文件所在路径，这里使用默认设置，即支持文件在 EXE

文件下的 data 文件夹中。选择"源文件设置"菜单，在这里可以设置每一个 vi 的属性，可使用默认设置。选择"图标"菜单，将"使用默认 LabVIEW 图标文件"前面的勾去掉，如果之前有设计好的图标，可以单击下面的那个"浏览文件"的图标，然后选择之前设计好的图标，添加进去。或者可以单击"图标编辑器"，在弹出来的界面中编辑图标。"高级"菜单可以进行一些高级属性设置，"附加排除项"、"版本信息"、"Windows 安全"、"共享变量部署"、"运行时语言"、"Web 服务"、"生成前/后操作"都可以选择默认设置。最后"预览"菜单，在该项目中直接单击生成预览，如图 4.88 所示"预览"界面。

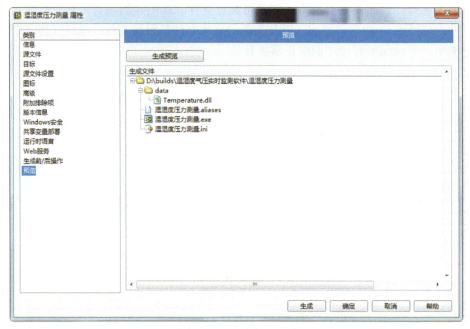

图 4.88　"预览"界面

　　如果生成成功，就会出现生成文件的预览，否则，将弹出对话框提示失败原因。预览成功后，就可以单击下面的"生成"按钮，当生成进度对话框显示生成结束后，单击"完成"按钮，就完成全部的步骤了，如图 4.89 所示为生成"预览"成功界面。最后，可以到预先设置的可执行文件目录下选择"运行"该执行文件了，也可以在项目管理器中，右击该文件，选择运行项运行该文件。通过上述步骤，即可完成 LabVIEW 程序生成 EXE 文件的操作，如图 4.90 所示为创建的 LabVIEW 温湿度压力实时监测系统 EXE 软件运行界面图。这个过程不仅包括了文件的生成，还涉及了目标文件的命名、源文件的选择、图标的设置等细节操作，确保生成的 EXE 文件符合需求。

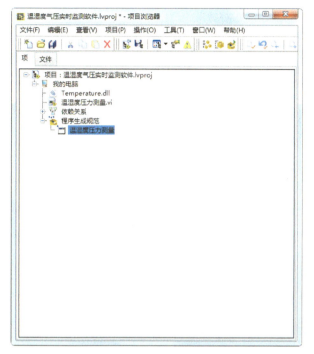

图 4.89 生成 "预览" 成功界面

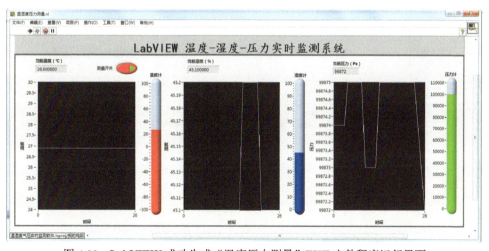

图 4.90 LabVIEW 成功生成 "温度压力测量" EXE 文件程序运行界面

如果希望在没有任何 NI 软件的计算机上运行该 LabVIEW 软件,则需要制作安装文件,即 SETUP 文件,安装文件可以把 LabVIEW Run-Time 运行引擎、仪器驱动和硬件配置等打包在一起作为一个安装程序发布。在项目管理器中,右击 "程序生成规范",选择 "新建" 菜单中 "安装程序",如图 4.91 所示。

图 4.91　项目管理器中制作安装 SETUP 文件操作界面

　　确认选择"安装程序"后，LabVIEW 将会自动弹出制作安装 SETUP 文件属性设置界面，如图 4.92 所示。类似于以上所述 EXE 文件生成过程，学习者可自行依据所制作的 SETUP 文件要求，进行每项属性的自由设置，在此不再赘述。

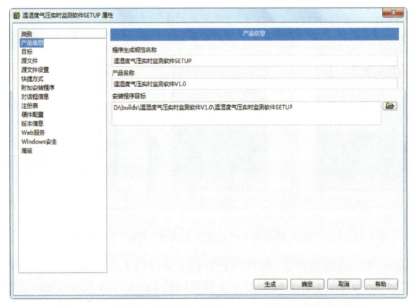

图 4.92　项目管理器中制作安装 SETUP 文件属性设置界面

完成所有菜单项配置之后，单击"生成"按钮，将会出现生成进度界面，如果"附件安装程序"中打包加载的 NI 附加驱动程序较多，SETUP 程序文件生成时间可能会较长。最后，当成功生成 SETUP 文件之后，将会在项目管理器的"程序生成规范"目录中看到"温湿度气压实时监测软件 SETUP"文件，如图 4.93 所示。此外，打开安装程序的目标文件夹，亦可以看到 Setup.exe 及其相关文件都在 Volume 文件夹中。将所生成的文件复制到其他计算机设备中，双击 Setup.exe 图标，将会出现安装程序向导界面。

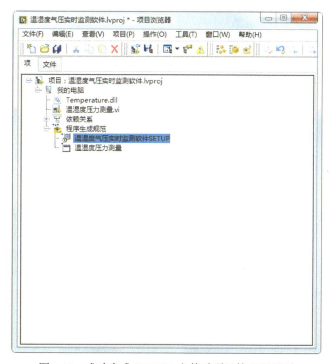

图 4.93 成功生成 SETUP 文件时项目管理器界面

参 考 文 献

[1] 李江全, 刘恩博, 胡蓉, 等. LabVIEW 虚拟仪器数据采集与串口通信测控应用实战[M]. 北京: 人民邮电出版社, 2010.

[2] 张兰勇. LabVIEW 程序设计基础与应用[M]. 北京: 机械工业出版社, 2019.

[3] 郝丽, 赵伟. LabVIEW 虚拟仪器设计[M]. 北京: 清华大学出版社, 2021.

[4] 杨高科. LabVIEW 虚拟仪器项目开发与实践[M]. 北京: 清华大学出版社, 2022.

[5] HITRAN Database. www.hitran.org/.

[6] HITRAN online. https://hitran.iao.ru/home.

[7] 刘文清. 环境光学与技术[M]. 合肥: 安徽科学技术出版社, 2021.

[8] 李劲松. 现代激光光谱技术及应用[M]. 北京: 科学出版社, 2022.

[9] https://www.ni.com/zh-cn/support/downloads/software-products/download.labview.html#460283.

[10] http://www.cechina.cn/special/ni/DAQ/index.html.

[11] Sun J, Deng H, Liu N W, et al. Mid-infrared gas absorption sensor based on a broadband external cavity quantum cascade laser. Review of Scientific Instruments, 2016, 87: 123101-1-123101-6.

[12] Xu L G, Liu K, Liang J Q, et al. Micro-quartz crystal tuning fork-based photodetector array for trace gas detection[J]. Analytical Chemistry, 2023, 95(17): 6955-6961.

[13] Huang Q, Wei Y, Li J S. Simultaneous detection of multiple gases using multi-resonance photoacoustic spectroscopy[J]. Sensors and Actuators B- Chemical, 2022, 369: 132234.

[14] Liu N W, Xu L G, Zhou S, et al. Simultaneous detection of multiple atmospheric components using an NIR and MIR laser hybrid gas sensing system[J]. ACS Sensors, 2020, 5(11): 3607-3616.

[15] Xu L G, Zhou S, Liu N W, et al. Multigas sensing technique based on quartz crystal tuning fork enhanced laser spectroscopy[J]. Analytical Chemistry, 2020, 92: 14153-14163.

[16] Xu L G, Liu N W, Zhou S, et al. Dual-frequency modulation quartz crystal tuning fork-enhanced laser spectroscopy[J]. Optics Express, 2020, 28(4): 5648-5657.

[17] Li J G, Liu N W, Ding J Y, et al. Piezoelectric effect-based detector for spectroscopic application[J]. Optics and Lasers in Engineering, 2019, 115: 141-148.

[18] Li J S, Deng H, Sun J, et al. Simultaneous atmospheric CO, N2O and H2O detection using a single quantum cascade laser sensor based on dual-spectroscopy techniques[J]. Sensors and Actuators B: Chemical, 2016, 231: 723-732.

附录 LabVIEW 操作快捷键

在 LabVIEW 中，快捷键的使用可以大大提高编程效率。以下是一些常用的快捷键及其功能。

基本操作快捷键

Ctrl+N：新建 VI（Virtual Instrument，虚拟仪器）

Ctrl+O：打开现有的 VI

Ctrl+S：保存 VI

Ctrl+W：关闭当前 VI

Ctrl+Q：退出 LabVIEW

Ctrl+E：在前面板和程序框图之间切换

Ctrl+/：最大化窗口或恢复窗口大小

Ctrl+T：平铺前面板和程序框图窗口

编辑快捷键

Ctrl+A：选择前面板或程序框图上的所有对象

Ctrl+C：复制对象

Ctrl+X：剪切对象

Ctrl+V：粘贴对象

Ctrl+Z：撤销上次操作

Ctrl+Shift+Z：重复上次操作

Ctrl+U：整理程序框图，使连线更加整洁

视图和导航快捷键

Ctrl+滚轮：在 Case 结构、Event 结构或 Stacked Sequence 结构中快速切换子程序

Ctrl+Tab：切换已打开的 LabVIEW 程序窗口

Ctrl+Shift+N：打开 LabVIEW 浏览小窗口，便于快速导航到项目中的不同部分

Ctrl+Shift+B：打开属性或方法节点窗口

Ctrl+1：打开 VI 属性对话框，配置 VI 的各种设置

运行和调试快捷键

Ctrl+R：运行 VI

Ctrl+.：停止运行 VI

Ctrl+M：切换到运行或编辑模式

Ctrl+Shift+Run：重新编译所有内存中的 VI

Ctrl+L：打开错误列表，查看 VI 中的错误和警告

其他常用快捷键

Ctrl+B：清除所有断开的连线

Ctrl+=和 Ctrl+−：调节前面板上字体的大小

Ctrl+0：调出前面板文字设置窗口

Shift-click（拖动对象）：在水平或垂直方向上移动对象

Ctrl-click（拖动对象）：复制所选对象

Ctrl-Shift-click（拖动对象）：复制所选对象并在水平或垂直方向上移动

Shift−调整大小：调整对象大小，并保持纵横比不变

Ctrl−调整大小：调整对象大小，并保持中心不变

Ctrl−用鼠标拖曳出矩形：在前面板或程序框图上扩大工作区空间

Ctrl-A：选择前面板或程序框图上的所有对象

Ctrl-Shift-A：执行上一次的"对齐对象"操作

Ctrl-D：执行上一次的"分布对象"操作

Ctrl-鼠标滑轮：在 Case、Event 或 Stacked Sequence structure 中翻看各级子程序

用键盘按键操作前面板/程序框图

Ctrl-E：显示前面板或程序框图

Ctrl-#：启动或关闭"对齐网格"功能

Ctrl-/：在法文键盘上，按<Ctrl-'>键

Ctrl-T：（macOS）按住<Command->键

Ctrl-F：最大化窗口或恢复窗口大小

Ctrl-G：平铺前面板和程序框图窗口

Ctrl-Shift-G：查找对象或文本

Ctrl-Shift-F：查找对象或文本的下一个实例

Ctrl-Tab：查找对象或文本的上一个实例

Ctrl-Shift-Tab：显示 Search Results 窗口

Ctrl-Shift-N：切换 LabVIEW 窗口

Ctrl-I：反向切换 LabVIEW 窗口

Ctrl-L：显示 Navigation 窗口

Ctrl-Y：显示 VI Properties 对话框

连线

Ctrl-B：清除所有断开的连线

Esc、右键单击或单击接线端：取消正在进行的连线操作

单击连线：选择连线的一个直线段

双击连线：选择连线的一个分支

三击连线：选择整条连线